ENVIRONMENTAL ART DESIGN 环境艺术简史

高 等 院 校 环 境 艺 术 设 计 专 业 规 划 教 材

⊙ 庄岳　王蔚　编著

中国建筑工业出版社

图书在版编目（CIP）数据

环境艺术简史／庄岳，王蔚编著. —北京：中国建筑工业出版社，2006
（2023.9重印）
高等院校环境艺术设计专业规划教材
ISBN 978-7-112-08065-6

Ⅰ. 环… Ⅱ. ①庄… ②王… Ⅲ. 环境设计-建筑史-高等学校-教材
Ⅳ. TU-856

中国版本图书馆CIP数据核字（2006）第073610号

本书作为高校环境艺术设计专业系列规划教材，是按照环境艺术设计专业基础教材的定位编写的。主要内容包括：上篇——外国环境艺术简史：原始社会、古埃及、古代两河流域、古希腊、古罗马、拜占庭与中世纪西欧、印度与东南亚、伊斯兰教地区、朝鲜和日本、美洲、意大利文艺复兴、17～18世纪的欧洲、工业化时代初期的欧美、现代环境艺术；下篇——中国古代环境艺术简史：史前的人造环境遗迹、先秦时代、秦汉、魏晋南北朝、隋唐、两宋、辽夏金元、明清的环境艺术。

本书可作为高等院校环境艺术设计、室内设计、建筑学等专业的教材，也可供建筑装饰与室内设计行业的设计师学习、培训、参考使用。

* * *

责任编辑：杨 虹 张 晶
责任设计：崔兰萍
责任校对：张景秋 王雪竹

高等院校环境艺术设计专业规划教材
环境艺术简史
庄 岳 王 蔚 编著
*
中国建筑工业出版社出版、发行（北京西郊百万庄）
各地新华书店、建筑书店经销
北京嘉泰利德公司制版
北京市密东印刷有限公司印刷
*
开本：880×1230毫米 1/16 印张：13¼ 字数：310千字
2006年8月第一版 2023年9月第五次印刷
定价：32.00元
ISBN 978-7-112-08065-6
（14019）

序　言

近年来，高等教育不断发展，而其中艺术类专业的设置几乎遍及不同类型的高等院校，呈多元化局面，盛况空前。由于报考环境艺术设计专业的生源众多，社会市场需求很大，就业前景很好，因此环境艺术设计已成为热门的艺术类专业之一。

在学科发展中，设置环境艺术设计专业的艺术院校、建筑院校、农林院校由于自身原已具有相近专业的基础，又以相关学科优势背景为依托，因此构成了各具特色的环境艺术设计教学体系。但是，我国高校环境艺术设计专业的设置从中央工艺美术学院开始至今仅有约二十年的历史，由于其理论研究的滞后，当下教材的庞杂，导致广大学生甚至教师观念上的含混不清。因此只有以科学探索的精神，以客观理性的思考，才能相对全面地理解环境艺术设计的概念，才能相对科学地制订教学大纲，才能不误人子弟。

环境艺术设计专业的学科概念，广义的讲是环境的“艺术设计”。因此必须要清楚环境艺术设计与建筑学、城市规划、风景园林等相关专业是怎样的一种关系，因为上述相关专业的许多知识内容也同样是环境艺术设计专业所要掌握和应用的。另外，作为交叉学科的环境艺术设计又有自己的主要研究领域与设计方向。

目前，国内环境艺术设计专业在教学上基本分为室内设计与景观设计两大部分。环境的“艺术设计”，确切地说是以理性为基础，是理性与感性相统一的过程。在这个过程中存在着：功能、技术、艺术三种因素，三者之间的关系始终是一种不可分割的整体思考。其中功能问题是第一性的，技术问题是实现功能的必要基础，但是最后统统都要落实到具体的、实实在在的感知形态——艺术的形象。也就是说功能、技术在设计思考中一直处于显性状态，都可以找寻相对应的依据，因此也相对容易把握，但唯有艺术是最后的制高点，最不易把握。因此在环境艺术设计专业教育中强化艺术的基础训练是十分重要的一环，但这种艺术知识的强化绝不是靠素描、色彩就可以解决的问题。这种知识在理性与感性之间，在绘画与设计之间，在具体与抽象之间，是依托大脑的创造性，调动手的积极性，达到最优化的效果。

建立科学的教学体系，需要在教学中不断积累，逐步使教学大纲科学化。编写高水平的教材对我们来讲是一种社会职责，寄希望通过教学方面的深入思考，使教学内容更加充实，使这套教材更加完善。

天津大学建筑学院　董雅

2006 年 7 月

前　言

环境艺术，广义地讲，是人类创造生活环境的综合科学与艺术。狭义地讲，是在科学技术进步的基础上人类对环境的艺术化创造。自进入定居的农业文明以后，人类一直在不断地改造生活中所涉及的自然环境。从农田、聚落到道路、桥梁，技术发展使属于人类文化范畴的环境不断地丰富。而在这类环境的创造中，精神文化的需求也越来越多。以建筑（房屋和各种限定或标定环境的构筑物）和超越基本生产目的的绿化为基础，为了造就舒适的空间，表达特定场所的意义，实现特定活动的心理需要，甚至仅为了美，人们运用各种艺术手段造就了更加丰富多彩的生活环境。可以说，环境艺术的历史，就是在技术、艺术以及文化思想的相互综合、共同影响下人类生存环境构建的发展进程。

对于环境艺术专业的学生而言，具备相应专业的技能和知识，如景观设计、建筑学、城市规划、工程技术等是必要的，但了解人类环境艺术的发展历史，培养深厚的文化与艺术修养，形成完整的知识结构和综合的艺术观更加不容忽视。而在众多的建筑史、城市建设史、园林史等著作中，至今尚未见有较为简明的环境艺术史的教材，以适于大专院校使用。鉴于此，在董雅教授的主持和鼓励下，编者结合环境艺术简史课程的讲授，试着承担了这一任务。

本书基于整体的环境艺术观，主要涉及和研究了城市、聚落、陵墓、建筑、园林等室外环境艺术领域；并从文化比较的视野出发，对不同文化体系下形成的风格迥异的环境艺术传统进行了简明的描述与分析，不仅意在描述现象上的“有什么”，还试图展现出“为什么”，探究更深层次的文化思想背景，培养学生形成良好的思考习惯。

本书编写的分工如下：王蔚、庄岳合作完成上篇外国环境艺术部分；下篇中国环境艺术部分由庄岳完成。全稿经由王其亨教授审阅并提出了宝贵意见。丁垚等教师提供了多幅图片。天津大学图书馆建筑分馆及学院资料室也给予了大力协助。

虽然编者为本书的编写全力投入，不仅在有限篇幅内纳入了学院诸多资深教授的研究成果，对于同行的著述也多有参酌吸收，然而毕竟时间仓促，加上编者自身经验不足，因此，本书肯定会有缺点乃至错误。在此，诚恳地希望同行专家与广大读者提出宝贵意见，以便再版时予以订正。

编者

目 录

上篇 外国环境艺术简史

上篇
外国环境艺术简史

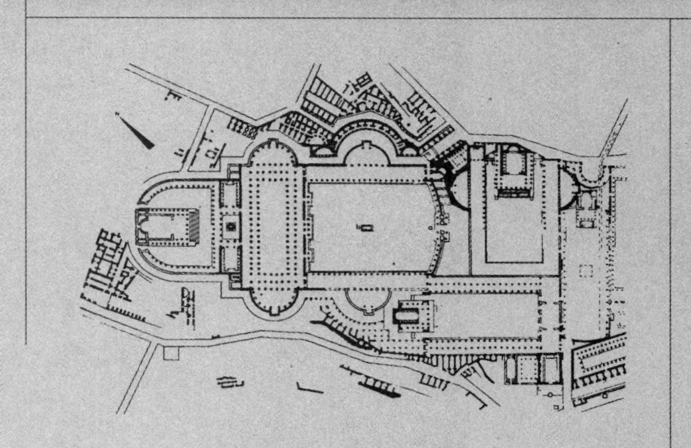

第1章　原始社会

人类进化的历史，大约已经历了三百万年左右的历程，而原始社会作为人类历史的第一个，而且也是最长的阶段，包括了距今约三百万年到公元前四千年至公元前3千年的整个史前时期。

在旧石器时代，最初的人类通过狩猎采集的方式获取食物，多居住在洞穴中。此时，人们已经有了对其生活环境进行某种装饰的现象，如在法国拉斯科和西班牙的阿尔塔米拉的洞窟内，还能看到当时留下的用矿石颜料制成的壁画或岩画，描绘着动物形象和狩猎场景（图1-1、图1-2）。另外，在世界许多地方还发现有裸露岩石上的类似主题刻绘。从人类文化发展史看，许多这类描绘可能主要出于巫术目的，也可能是为了进行某种纪录或交流，但就是以这些绘画为第一步，人类开始了艺术地创造其生活环境的历程。

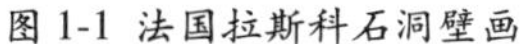
图1-1 法国拉斯科石洞壁画

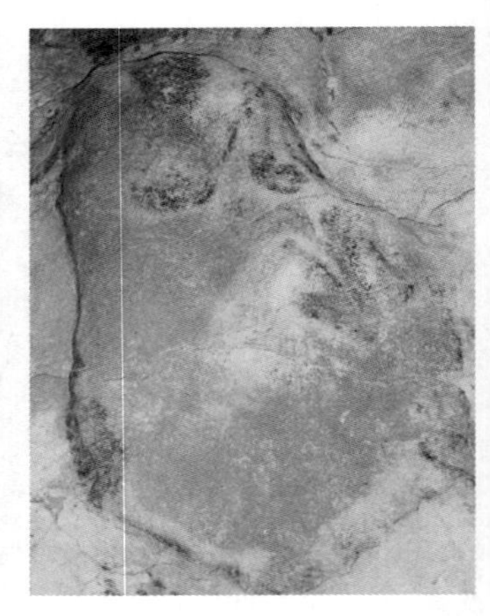

图1-2 西班牙阿尔塔米拉石洞壁画

到了旧石器时代晚期，人们开始逐渐进入相对稳定的定居生活。从半穴居土窑开始，在大约一万五千年前，在濒临水源的地方，有了以茅屋或覆泥茅屋为主的定居点，这意味着人类开始在真正意义上建造起自身的居住环境了。从遗迹可知，先民在选址时已考虑到资源、气温、日照等自然条件的影响，建筑物的布局也显示出一定的社会关系，反映出人类对生活环境的创造受到自然与社会因素的制约，围绕这些因素，比较明确的环境设计目标在以后的文化发展中逐渐形成了。

在公元前一万年至公元前四千年的新石器时代，随着农业和畜牧业出现，人们有了稳定的食物来源，使得永久的定居生活成为可能。新石器时代的住所有了很大的进步，各种房屋的形态进一步清晰，并在不同地区形成一定的地方特色，成为更趋于文明的环境。不同的技术带来的造型，在经验积累中开始带有艺术的意味（图1–3）。

除了住房外，日本、朝鲜半岛、印度、马来群岛、高加索、欧洲、北非等很多地方，留下了通称为巨石建筑的一些新石器时代晚期建筑物，包括作为墓葬的石坟、石棚，以及可能作为祭祀或观察天象场所的列石、环石等（图1–4、图1–5）。这些居住以外的特殊人为环境，体现了当时最高的劳动能力，反映了社会等级已经比较明确，对世界的关注走向更广阔的领域。对生与死的关注，对生存环境的意识，使得巫术发达，并逐渐向原始宗教转移。

图1-3　非洲多贡族人的自然村落

图1-4　西班牙罗西斯附近史前墓石牌坊

图1-5　英格兰威尔特郡，约为公元前1500年的环形巨石柱

在考古发现的很多原始聚落里，可以看到向心的建筑组群布局关系。以小型的居住建筑围绕着中央可能作为公共议事场所的大房子。这种有意识完成的周边向心集团式规划，在体现一种原始公有制氏族社会关系的同时，也反映出人类在一定程度上已经注意到某种人与自然以及社会关系中的安全模式，显示出人们已经有意识地追求并塑造出具有特定意义的生活环境形态。

复习思考题：

原始的巨石建筑对于我们理解环境艺术设计的起源有哪些启示?

第2章 古埃及

尼罗河流域是人类最早的文化发祥地之一，早在公元前4000年左右就形成了统一的古埃及国家，有以法老为最高统治者的中央政权和比较发达的宗教，并基于当时的自然条件和人类技术与观念，创造了辉煌的环境文明。

生活于尼罗河谷地，南北向流淌的尼罗河，东升西落的太阳，可能影响着埃及人关于世界的观念；法老是人间的最高统治者，在中王国以前还是同神交往的最高祭司；人们对死亡和来世有特殊的关切，相信死者的灵魂会在3000年后复生。埃及的社会和宗教使陵墓和神庙成为最重要的建筑，以它们所构成的特定环境为国家最重要的场所，并通过规则的空间或形体来突出地体现一种永恒的秩序。

今天人们从遗迹所知的古埃及环境艺术，主要体现于他们以石材料所建成的陵墓与庙宇建筑群。它们通常位于远离泛滥区的尼罗河西岸高地，组成独立的死者和神明之城，宏伟庄严，体现永恒的存在。除了坚实的体量和宏大的尺度外，这些纪念性建筑还体现出明显的方位理念，以东西方向为主导，循着太阳轨道，垂直于南北向的尼罗河，在与太阳朝起夕落的契合中，寄托着出生入死、死而复生的完整过程。

古埃及陵墓中最著名的是古王国时期的国王——法老的金字塔，分布在尼罗河三角洲西岸地区，至今还耸立着70多座。

建于公元前三千纪中叶的吉萨金字塔群是金字塔式陵墓最辉煌的代表，最大的一座高达146米多。以东向为正面，它们都是正方位的精确正方锥体，形体极其单纯，并在巨石堆砌的塔身外，贴有一层磨光的白色石灰石，以纯净的表面同单纯的形体构成完美的契合。这种形式以一种抽象的几何关系消弥了对于世界上一切杂多事物和现象的印象，只留下有关永恒的原始印记，体现出古埃及人对陵墓环境最高的追求。

吉萨金字塔群还形成辉煌的群体关系，三座金字塔互以对角线方向错落，形成参差的轮廓。在哈弗拉金字塔祭祀厅堂旁边，是巨大的狮身人面像——斯芬克斯。它浑圆的头颅和躯体，同远处金字塔的方锥形产生强烈的对比，使整个建筑群在富有变化中更完整。它们周围还有一些皇族和贵族的小型金字塔及长方形台式陵墓——玛斯塔巴，形成簇拥之势。在西面大漠背景和东面尼罗河畔前景风光的衬托下，金字塔又仿佛是人工堆垒的山岩，伴着大漠孤烟，长河落日，极其雄伟壮阔，形成震撼人心的外部空间环境（图2-1）。

对于人们的主要视野和活动空间，吉萨的大型金字塔还形成了富于强烈感染力的环境空间序列。金字塔的祭祀厅堂在其东面脚下迎着尼罗河，其门厅却远在几百米之外的河边。由河上而来的献祭队伍，从门厅到祭祀厅，要通过石头砌成的、密闭的狭长甬道，走过这幽暗漫长的甬道，祭祀厅后灿烂的阳光中端坐着皇帝的雕像，上面是近距离内摩天掠云的金字塔闪光表面。伴随祭祀活动的过程，自然和人为的空间相互交替，造就了非常震撼心灵的视觉与心理体验：先是远处大漠孤烟中的金字塔群，接着是漫长的黑暗，最后是视野无法囊括的巨大塔体和光焰，完全占据了人们心灵的世界。

图 2-1 吉萨金字塔群

从中王国到新王国时期，宗教的进一步发达和社会环境的变迁，使大型神庙和借助自然山崖的陵墓建筑组群发展起来。相对于金字塔那种极端抽象、突出形体本身的处理而言，人们显然发展了围合性的空间与多样性的环境组织要素。在意识到正轴线的庄严作用的同时，能够更娴熟地采用空间序列、尺度和多种限定与装饰要素的变化与对比来影响人的运动与停留，呈现丰富的环境效果。同金字塔单纯的肃穆相比，这类建筑环境关系在庄严神圣中多了一些活泼的气氛。

图 2-2 伊息丝神庙大门

多数神庙依然朝东，大门面对从尼罗河方向而来的大道，由一对高大的梯形石墙夹着狭窄的通道，太阳神庙门前还常有一两对方尖碑，平平正正，阔大稳定的梯形石墙同比例通常为 1∶10 的方尖碑之间产生强烈的对比，大路两侧密密排列着圣羊像或狮身人面像，连续可达1公里以上，这一处理手法夸大了道路的长度以及方尖碑和石墙的高度（图 2–2）。

图 2-3 阿蒙神庙柱列

神庙内部由大门内带有柱廊的庭院、柱子林立的大殿和祭祀用的密室等作纵深序列布置，最大的卡纳克阿蒙神庙内外空间纵向轴线总长近2公里，内部进深360余米。在轴线序列方向上，空间尺度由大到小，空间关系由开敞明亮到幽暗封闭，产生通往神秘世界的强烈导向感。即使在大殿中，除了正轴线方向外，粗大的柱子处处遮挡视着人们的线（图 2–3）。

除了这种基本关系以外，神庙的石结构往往覆以厚厚的灰泥，表面布满色彩强烈的壁画、浮雕和象形文字，展示着神和人的故事。柱头则模仿着纸莎草、莲花、棕榈等形象。它们增加了环境的生命气息，更进一步说明着埃及人同这片土地，以及它的神明间的关系。随着空间明暗的变化，彩色浮雕和文字给人的感觉也越来越神秘，在整体环境上，给人以从物质生命的世界进入神——灵魂的世界的感觉（图 2–4）。

图 2-4 阿蒙神庙柱头

在埃及神庙、墓穴，甚至居住建筑环境中，壁画、浮雕和象形文字常是不可或缺的一部分。它们往往占据整个墙面和柱身，但其平面感和古拙的正、侧面形象，又使墙体和柱子保持着自己围合面与体量的明确性（图 2–5）。

中王国后的陵墓、神庙周围环境还得到进一步的园林化处理，形成附属于它

图 2-5 十八王朝，底比斯某墓的壁画，展示园林形象

们的圣苑。圣苑以林木为主，往往设有大型水池，驳岸以花岗岩或斑岩砌造，池中种有荷花和纸莎草，并放养作为圣物的鳄鱼等。同任何宗教建筑的发展一样，这种处理显示了神秘的宗教日益介入日常生活，同时，又并在其建筑中更多地融入了现实生活中的环境景观和生命元素。

在德一埃一巴哈利的女王哈特什帕苏墓反映了金字塔以后陵墓建筑的一种变化，同时也是形成圣苑环境的重要代表(图2-6)。它把原来金字塔前的小尺度祭祀厅堂扩大为建筑主体庙宇，位于三层人造台阶上，面对两侧有狮身人面像的大道，背倚置入墓穴的陡峭山崖。台阶上两层环以柱廊，其横向延伸的柱列迎着中

图 2-6 哈特什帕苏墓

图 2-7　古埃及阿梅诺菲斯三世时代大臣陵墓壁画中的奈巴蒙花园，壁画现存大英博物馆

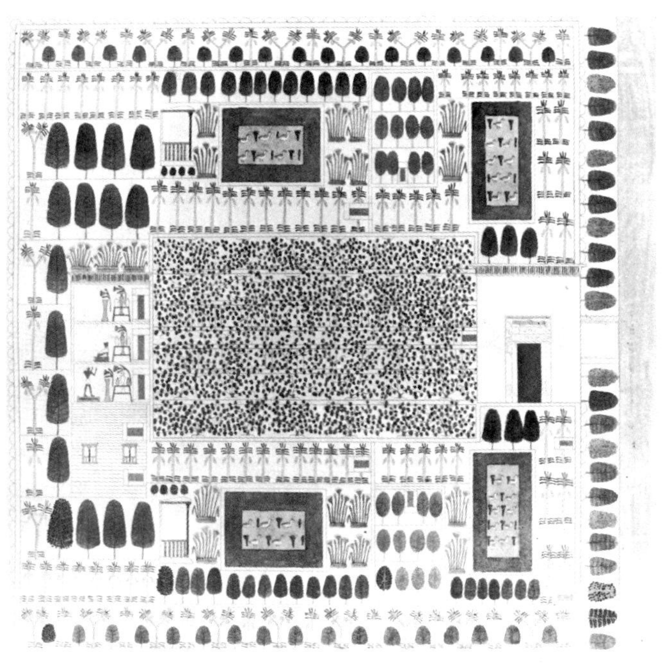

图 2-8　十八王朝，底比斯某墓的壁画，某花园平面

央大道和联系台阶的坡道，在轴线延伸中呈现舒展的纵横对比。据说遵循太阳神阿蒙的旨意，哈特什帕苏墓在阶台上专门引种了香木，能释放芳香。在庙宇周围，以行列方式种植着大片棕榈和埃及榕，形成同轴线、台阶呼应的林地，并限定空间。

人们来到这里，首先感受到林木间大道、坡道轴线引向竖直山崖和水平台阶、柱列的关系，接着置身于台上，在下面的林海环抱中面对庙堂与高耸的山崖，金字塔曾经表达的永恒意义以另一种环境关系展现出来。

古埃及的居住建筑极少遗存，但从壁画、石刻当中可以看到，中王国以后的贵族宅院在总体布局严整对称，有明显的中轴线，宅前为方形或矩形的园地(图2–7、图2–8)。在干燥炎热的气候条件下，古埃及人善于运用树木和水体来营造阴凉湿润的环境。进入宅院的塔门式入口，是笔直的林荫道，两旁有雕像，还对称布置有凉亭和矩形水池。园中各部分以矮墙分隔成若干个独立并各具特色的小区域，互有渗透联系，体现了早期文明对园林化环境的追求。

复习思考题：

1. 吉萨金字塔群的外部空间环境特征有哪些?
2. 古埃及神庙的空间环境特征是怎样表现的？试和金字塔群进行对比分析。

第3章　古代两河流域

两河流域即现今伊拉克一带的底格里斯河和幼发拉底河流域，古文明发展时间与埃及约略同时。这里的自然地貌是宽阔的旷野，民族迁徙交流频繁，是古代商业最发达的地区之一。从第一部法律的出现还可以看出，这里社会文化的世俗性较强，从公元前2000年到公元前6世纪，先后建立起的巴比伦王国、亚述帝国和新巴比伦王国等，都创造了自己辉煌的建筑环境。城市以及帝王宫殿是这一地区环境艺术的主要代表，它们在比较实用的构成特性中展示出华美的外观。

由于缺乏良好的木材和石材，两河流域的一般建筑最初多用黏土和芦苇，后改用土坯砖并最早发明了拱券结构。重要建筑部分采用了石材和木材，并多位于高台之上，以避免洪水侵袭。由于基本建筑形体是平直的矩形，城市、宫殿大门处有竖向的塔楼，城墙有雉堞，但也维持矩形的形体，所以在城市和宫殿建筑群体环境中，有一种丰富的立方体块构成感(图3–1)。

在炎热的气候条件下，居住环境重视内院，房间多从四面朝向院子。强盛王朝建立起的宫殿规模庞大，跨度大的殿堂采用大梁或砖拱结构，通常有串联或并联的三个以上的院子，有些专门为神堂设院。宫殿总体布局上没有严格的中央轴线统帅，各部分建筑或庭院常呈“L”形转角关系，同立方体块式的建筑形体呈现活泼的呼应，但局部轴线对位明显，仍然主次分明，气势恢宏（图3–2）。

由于当地多暴雨，保护土坯砖墙免受侵蚀的技术得到突出发展，如用排列紧密的锥形彩色陶钉楔入墙面，组成类似苇席编织的纹样。再如墙面涂沥青，外

图3-1 新巴比伦伊什达门和仪仗大道复原图

图3-2 新巴比伦城透视复原图

贴各色石片和贝壳，构成了多彩美丽的装饰图案。琉璃砖的发明，更使墙面防水技术的装饰意义进一步提高，有更多的具象图形出现。这一系列维护技术带来的平面装饰图案排成有序的行列，既有强烈的色彩、质感、形象，又维护建筑固有的几何形体，使建筑局部环境常呈现由晶莹、绚烂的几何面所围合的效果（图3-3）。

关注天象、崇拜山岳是两河流域的主要宗教特点，高耸的山岳台像接近上天的高山。单纯从体量与环境关系看，独立的山岳台有些类似古埃及的金字塔，它是一种多层夯土高台，有形体感显著的坡道或阶梯逐层通达台顶及其上的庙宇。山岳台呈集中式高耸的体量统治着旷野，象征着人与神交流的高山，沟通着大地与苍天，成为这一地区人类建筑环境的另一突出特征。

山岳台也常和宫殿、庙宇结合在一起，在亚述帝国的萨艮王宫当中，山岳台位于宫殿西部，凸现在以院落组织起来的平屋顶建筑群中，成为制高点，其鲜明的外部形象也就成为宫殿组群甚至城市环境的突出特征。

两河流域的古代园林发达，大致有猎苑、圣苑、宫苑三类。猎苑是最早渗入天然环境中去的景观园林，豢养动物供帝王、贵族狩猎。除原有森林外，人工部分

图3-3-a 豪尔萨巴德－住宅K装饰复原图

图3-3-b 新巴比伦纳布科多诺索尔宫宝座大殿外立面细部

呈几何形布局，有栽植的树木和引水形成的水池。此外，苑内也堆叠土丘，上建神殿、祭坛等。巴比伦人在山岳台和庙宇周围常常呈行列式种植树木，形成圣苑，与古埃及的情形相似（图3–4）。

图3-4 新古巴比伦宫殿建筑上的浮雕表现的猎苑

著名的新巴比伦王国“空中花园”，被誉为古代世界七大奇迹之一，应为宫苑。据古希腊历史学家希罗多德描写，此园是在建筑屋顶上做成阶梯状的平台，花木种植于平台上，总高有50多米。幼发拉底河水被提灌于园，形成跌水。蔓生和悬垂植物及各种树木花草遮住了部分柱廊和墙体，远望仿佛立在空中，“空中花园”因此得名。这是已知最早的立体化绿化环境，也反映出当时建筑空间与外部环境关系的丰富性（图3–5）。

图3-5 空中花园复原想像

复习思考题：

试分析两河流域的环境艺术从哪些方面体现出自然地理及气候的影响？

第4章　古希腊

古希腊是西方古典文明的摇篮，它包括希腊半岛、伯罗奔尼撒半岛、爱琴海群岛、安纳托利亚西南海岸以及意大利半岛南部，其特有的地中海气候，适宜户外活动，遍布险峻丘陵的地形，把希腊人分为一个个属于特定区域的小聚落，而曲折的海岸线，以及星罗棋布的岛屿，促进了海洋贸易和向外殖民，同地中海周围其他民族有关广泛的联系交流。

在希腊半岛南端曾有过更早的爱琴文化，即克里特与迈锡尼文化，公元前3000年至公元前2000年为其繁荣时期（图4–1–a、图4–2–b）。而一般所说的希腊文化，则由另一批由北方迁来的民族从公元前12世纪左右发展起来，他们组织起一个个小的城邦国家，到从公元前5世纪至公元前4世纪达到文化艺术的黄金时代，被称为古典时期。

古希腊虽由众多城邦国家组成，却有着共同的文化传统，其重要特征之一便是共同的“泛神论”宗教。泛神论把各种自然存在本身视为神，以对神的崇拜，肯定人的力量来自他依附的土地，重视人类的现实生存世界。在古希腊，同自然环境相关联的宗教建筑环境在生活中占有极其重要的地位，人们用精心雕琢的大理石来建造神庙，以神庙同周围环境的协调来体现人与自然一体的关系。由于气候和宗教的原因，在一切希腊生活活动场所的建造中，也都体现出对同具体地点相适应的室外环境的重视。

希腊建筑艺术为西方留下的最丰厚的遗产之一是在大理石神庙建筑中发展成熟的古典柱式，即常见的多立克、爱奥尼以及较晚的科林斯柱式。多立克柱式比例粗壮，形式简朴刚健；爱奥尼柱式比例修长，线脚丰富柔美，这两种柱式典型地概括了男性和女性的体态与性格，体现着世界存在中对立统一的两种力量。不同性格的柱式应用于不同的神庙，展现着希腊人对自然存在的基本属性的关切，表达出人们对于神及其所在环境的理解。在神庙中发展定型的柱式，成为希腊建筑环境艺术的一个重要形式要素，同它们相配合的还有形态多样的大理石雕像（图4–2–a、4–2–b）。

诸多丘陵造成的丰富地形产生了特征鲜明的各种自然景观，古希腊人常常把它们与不同自然神的神性显现相联系，神庙或以神庙为主体的圣地建筑群就建在其中的显要之地。

神庙通常朝东，平面多为矩形，双坡顶，采用简单的梁柱结构，柱廊位于封闭的殿堂前或围绕着它，山花和檐壁上雕刻着神话故事，构成建筑密不可分的一部分。这种建筑本身虽然简单，但柱式的运用和建造地点的选择却使它们产生深刻的环境艺术含义。以适当的柱式性格建造于适当的地点，可以使神庙成为自然力

图 4-1-a　迈锡尼狮子门

图 4-1-b　爱琴海提洛岛上的石狮子

图 4-2-a　爱奥尼柱式

图 4-2-b　多立克柱式

的表达要素，标示和说明周围环境的神性特征和意义，引导人们关注自然环境。神庙产生的积聚性力量，使一定范围内的景象——山岗、水流、海洋等相互呼应，强化了环境的场所气氛，使人能更深切地体验环境特质，实现通过祭祀等活动来与神对话、获取力量的目的（图4-3）。

图4-3-a 德尔斐，马尔马里，雅典娜圣地圆形神庙

图4-3-b 位于Sounion角的波塞冬庙

古希腊神庙的经典之作帕提农神庙建在被雅典城环绕的神圣高冈——雅典卫城上，俯视着被群山与海洋围合的阿提卡小平原——雅典人的土地，在城市的各个角落都可以看到或感受到它的存在。登上高冈进入卫城山门，在以最佳视距感受它的同时，又可通过视线的延伸、转移看到以它为近景的更广远的画面。简单的几何体和刚劲的多立克柱式，加上讲述美丽传说的浮雕，把远处的群山、海洋，近处的城市、农田、林地统一到神圣的雅典娜神性整体中（图4-4）。

图4-4 帕提农神庙

以神庙为主体的圣地建筑群，没有固定的几何式群体布局，而是顺应地形特征，把建筑环境与周围自然景观有机地结合起来。雅典卫城是古希腊鼎盛时期圣地的传世之作（图 4-5）。它位于一座东西长约 280 米，南北最大宽度为 130 米

图 4-5-a 雅典卫城远眺

图 4-5-b 雅典卫城鸟瞰

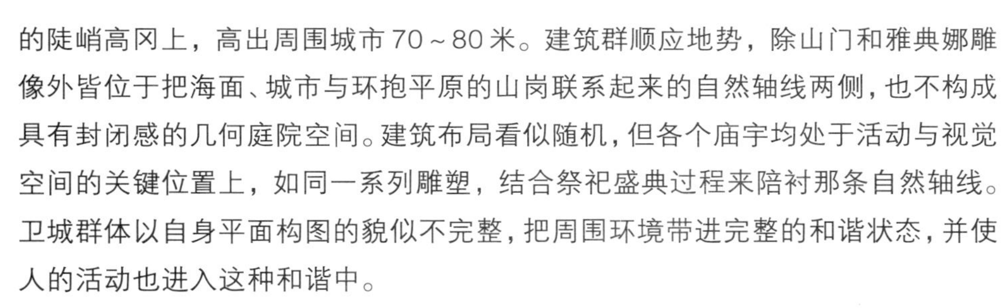

的陡峭高冈上，高出周围城市 70 ~ 80 米。建筑群顺应地势，除山门和雅典娜雕像外皆位于把海面、城市与环抱平原的山岗联系起来的自然轴线两侧，也不构成具有封闭感的几何庭院空间。建筑布局看似随机，但各个庙宇均处于活动与视觉空间的关键位置上，如同一系列雕塑，结合祭祀盛典过程来陪衬那条自然轴线。卫城群体以自身平面构图的貌似不完整，把周围环境带进完整的和谐状态，并使人的活动也进入这种和谐中。

在古希腊的宗教活动中，人们一般不进入神庙，而是置身于神圣的建筑前或建筑间，并可随着建筑布局所造成的引导，把视线向更远的地方延伸，感受景色秀丽的山水环境及其与神的联系（图 4-6）。

古希腊人崇拜林木，在神庙周围常利用天然林木或植树形成圣林。早期的圣林只是作为“墙壁”围在露天祭坛四周，后来逐渐形成一些神庙四周的神苑景观。在著名的德尔斐阿波罗圣地，神庙周围有宽达60米 ~ 100米的空地，为圣林的遗迹，其中设有祭坛、雕像等。

希腊人崇尚健美的体态，并把健身竞技当作愉悦神和进行城邦间交往的重要活动之一。只要有充足的空间，圣地建筑总伴有健身与竞技场，并常常同圣林相结合。远处露出神庙的一角，高大乔木形成绿荫，灌木丛使场地更活泼，曲折的小径向林间伸延，到处有柱廊、祭坛、凉亭、雕像、坐凳，长圆形跑道嵌着大理石边缘，是当时健身竞技场的典型形态。随着社会文化的发展，这里逐渐成为人们

图 4-6 帕提农神庙南柱廊东望

散步、集会的公共庭园，许多哲学家还在这里阐述他们的观点。

公元前4世纪后，柏拉图等哲学家开始在城中兴办学园，把源于圣园及健身与竞技场的园林环境引入私园，使得这种神圣的环境可以更加现实生活化。如提奥弗拉斯特（亚里士多德弟子，古希腊哲学家）的庭园，其中有树木、博物馆、缪斯的神庙、亚里士多德的塑像等。

这种景观不是花坛和简单绿化构成的庭院，也不是出于生活实用需要的果木园，而是绿化与雕像、建筑配合的艺术性园林环境，后经亚历山大希腊化时代到罗马帝国时期的发展，成为环境艺术的重要一支。

希腊城市布局通常不规则，无轴线关系，街道曲折狭窄，系结合地形自发形成。城市外部空间以一系列“L”形空间叠合组成，造型变化多样。城市广场是市民重要的公共生活环境之一，它们也呈自由布局，建筑群排列无定制，周围或其间的庙宇、敞廊、雕像、喷泉、作坊及临时性的商贩摊棚因地制宜，自发地进行组合。公元前5世纪，希波丹姆在新建殖民城市米利都城的规划中，采用了正交的街道系统，形成了十字网格，建筑物都布置在网格内。两条垂直大街从城市中心通过，中心开敞空间呈“L”形，这与早期城市模式仍有一定的联系，然而，米利都城地处丘陵，这一网格系统没有考虑到对丘陵地形的适应，城内许多道路不得不使用大量踏步，造成一定的不便（图4–7）。

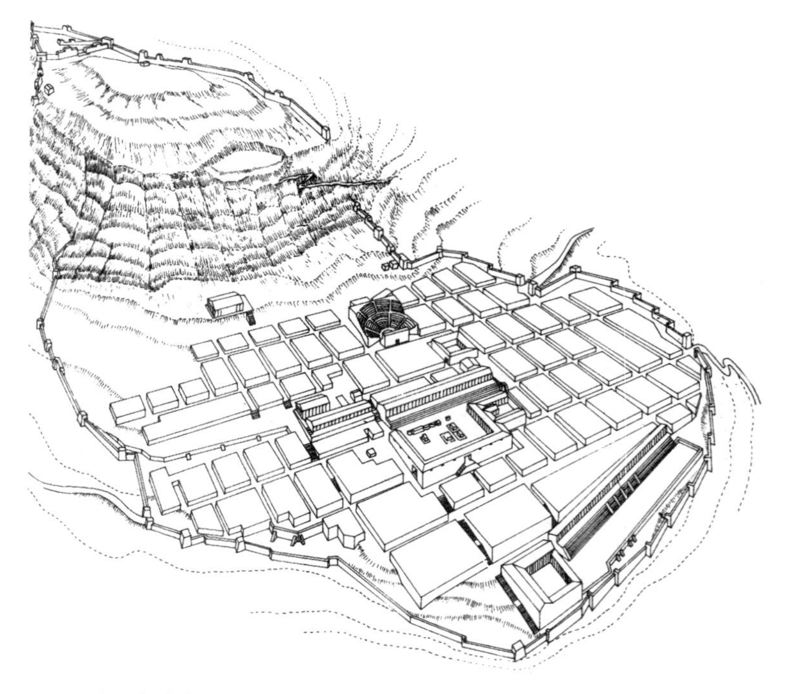

图4-7 米利都城市网格系统

米利都对日后罗马帝国殖民城市采用类似的网格布局具有重要影响，作为西方城市规划设计理论的起点，米利都城的这种系统体现出设计师遵循古希腊哲理，努力探求几何关系和数的和谐，同时也有规划方面的实际意义。

复习思考题：

1.结合雅典卫城简述古希腊神庙的环境艺术特色。

2.古希腊的私园及竞技场园林分别有哪些特征？二者之间是否有关联？

3.为什么说米利都城的城市规划是西方城市规划理论的起点？

第5章　古罗马

古罗马最初是意大利境内的一个小城邦，后随国势的强大，领土日益扩展，公元前1世纪形成帝国，到公元2世纪，罗马帝国的版图已扩大到跨地中海的欧亚非三洲，拥有辽阔的疆土和多元的民族地域。

在国家的崛起中，罗马人曾特别感受到希腊文化的优雅。征服希腊之后，希腊的学者、艺术家、哲学家及能工巧匠纷至沓来，对古罗马文明的发展起了重要的作用，因此，古罗马在文化、艺术方面表现出明显的希腊化倾向，在历史上古罗马艺术同希腊艺术都被称为古典艺术。然而，古罗马的主要建筑环境特征同古希腊仍有着很大的差异。

崇尚希腊艺术的罗马人接受了希腊柱式和雕塑艺术，到处有大理石柱廊和雕像，但追求浮华使罗马人的柱式装饰趋于繁琐。更明显的是，罗马人强调中心和秩序的力量，在空间环境中，追求正交轴线形成的中心及其划分的四限，并有明显的围合特征，划分出活动场所的内与外。在城市规划、建筑单体，以及精心布局的群落中，均体现出这种罗马式环境的特有秩序。

罗马人创造性地运用了火山灰——天然混凝土，大力推进了拱券技术，建造起大规模的宫殿与城市，成就了罗马帝国的宏伟景观（图5-1）。同希腊相比，自然崇拜的宗教在帝国时期向帝王崇拜转向。古罗马人认为自己的都城位于世界的中央，以罗马城为代表的大城市环境体现了皇帝和国家机器代替了自然神力的作用。

图5-1 古罗马城的高架输水道

在喧嚣的城市成为罗马人的生活环境主导的同时，残酷的权力角逐又使一些人向往自然恬静的乡村生活，出现了对田园情趣的追求。

在有关城市形成的古老记述中，罗马早期（伊达拉里亚时期）的城市建设是由宗教长老以牛牵犁划出一个圆圈作为建城基地，建起城墙，东西向与南北向纵横相交的大街中央为建有神庙的广场，并由此将城市划分为四个部分。这种规划方式体现着与天地方位的对应，城市的两条基线为大地的轴线和太阳的走向，基线划分成的四个部分代表宇宙的构成，人们认为可以由此得到具有安全感的生存场所。

罗马人最初的聚居地围绕着著名的罗马七丘形成，其核心——巴拉丁丘，据说就曾是有着这种中心和四域的城池，随着罗马的强盛和城市扩大，这里成了宫殿区。在共和时期以后的向外扩张中，随着罗马军团的到达，各地出现了许多驻屯军队的营垒城市，其中公元前275年建于地中海沿岸的派拉斯是这种营垒城市设计的典型之一，因循着古老的模式。今天欧洲大约有 120 ~ 130 个城市均由这种城镇原型发展而来，留有罗马规划的痕迹。由古提姆加德城等罗马营垒发展而来的许多北非城市也是这样(图5-2)。伴随规则的城市街道布局，大城市主要干道的起讫点、交叉点常有雄壮的凯旋门，重要段落有长长的列柱，景观十分宏丽（图 5-3）。

图 5-2　古提姆加德城鸟瞰

图 5-3-a　罗马城市街道遗址

图 5-3-b　罗马城市街道上的凯旋门

图 5-4 万神庙穹顶

万神庙是以这种环境模式创造的单体建筑的重要代表，并以巨大的体量，显现出神的尺度。万神庙为圆形平面，上覆巨大的穹顶，几何关系完整匀称，中心稳定。穹顶中央开圆洞，造成竖向通过中心的第三条轴线，似乎沟通了天地，成为一个抽象的宇宙模型（图5–4）。同古希腊神庙相比较，它突出了一个完整向心的宏大内部，却欠缺对建筑单体与周围关系的考虑，人们在纷乱的城市街道中，缺乏过渡性空间的引导，不自觉地便直接处在了面对神庙的位置。在罗马人的环境中，有序的建筑或群体内部通常同无序的外部呈现出强烈反差。

大角斗场也同样表现出中心、轴线、围合性的罗马式环境特征，它呈椭圆形平面，看台外立面四层高，放射形的墙垣支撑起若干圈拱廊，具有丰富的水平韵律，形成建筑内外空间流通的效果。角斗场充分发挥了拱券技术的优势，创造了与特定功能相适应的环境界面（图5–5）。

保存较好的遗迹使罗马住宅也能比较清晰地为人所知。罗马的城市富人住宅常为中庭式，沿纵轴线一般有两到三个层次，前面的为房间围着中央天井和水池，最后是植有花木的围廊花园。从庞贝和奥斯提亚等地的遗址看来，花园的布局呈对称几何形，基本采用类似建筑的设计方式，园子当中一般造水池和喷泉，四边配置方块的植坛，雕像置于绿荫之下。这种以对称的明渠、水池、喷泉为中心的外部环境，体现出井然有序的人工美，但仍是固定的内部空间关系的简单附属（图5–6）。

除了雕塑外，在罗马建筑内部，壁画是重要的环境装饰要素，有湿壁画和马赛克两种，画面内容多样，有整面墙壁的，也有带状或局部矩形的，同墙裙等分割线相结合共同构成墙面装饰（图5–7）。

图 5-5-a 大角斗场外立面

图 5-5-b 大角斗场内部

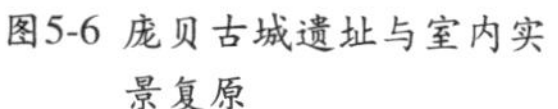

图5-6 庞贝古城遗址与室内实景复原

图 5-7 赫尔库兰尼姆，海神嵌画住宅中的夏日餐厅，右侧壁画绘有海神乃普顿及女神安菲特律特的形象。公元1世纪时马赛克画就已出现在墙上及地上

同古希腊一样，城市广场也是罗马人的重要活动场所。最初的城市中央可能是规则型的，但共和晚期在巴拉丁丘下陆续形成的罗曼努姆却一度布局无序。帝国时期，皇帝强调古老传统的力量，广场形式转为严整，也由开敞变得围合性更强，在罗曼努姆旁形成新建的几何形帝国广场群，向西北延伸约305米左右(图5-8-a～图5-8-c)。

帝国广场群包括凯撒广场、奥古斯都广场、图拉真广场等数个广场，它们由柱廊所围合，有凯旋门式的入口和接近尽端处的神庙，空间主要为矩形，而半圆弧在尽端或两侧加强着轴线和对称感。节奏严谨的华美大理石柱列界面，位于中央

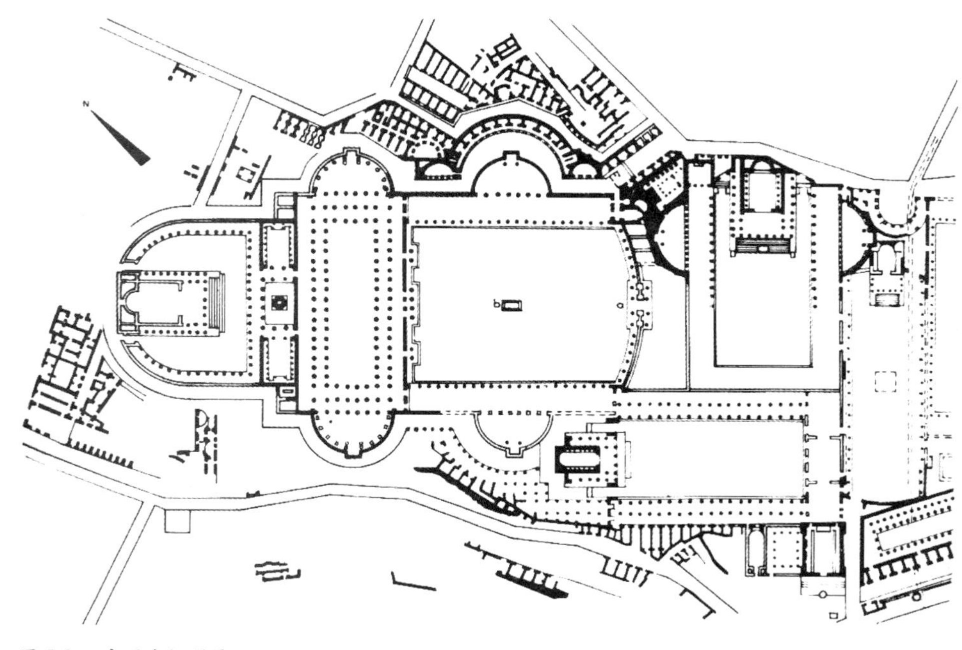

图 5-8-a 帝国广场群平面

图 5-8-b 帝国广场遗址（一）

图 5-8-c 帝国广场遗址（二）

轴线后部的庙宇，构成完善的“内部”环境，图拉真广场则因沿中轴线布置的更多建筑而呈现序列层次性。每一广场与另一广场彼此垂直相交，以多个彼此相交的垂直轴线组成统一的整体。帝国广场作为皇帝个人树碑立传的场所，被塑造为具有强烈纪念性的艺术组群。

罗马的宫殿建筑大多呈现罗马建筑环境的基本特征，但建于公元114～138年的阿德良宫却是一个特例。它位于罗马郊区替伏里风景胜地的山谷中，由于其建筑与园林化外部的随机关系而常被称为离宫或别墅。阿德良宫是多组建筑构成的群体，建筑形体对称，但通过室外与其他建筑的呼应则呈不规则的角度，轴线的转折处常有过渡，通常是建筑的小空间在先，大空间在后，体现出无序与有序间的丰富衔接变化。然而，如同罗马建筑与环境关系的一般特性，组群与外部环境的组织比较随机，缺乏对自然景观的整体把握（图5–9）。

在阿德良宫建筑群中，厚重的石墙、拱券塑造出多种丰富的空间组合——矩形、圆形、十字形、多瓣形等等，有宫殿、柱廊园、浴场、水中剧场等，雕像、水池、树木点染其间，颇具园林情趣。然而，空间形式的丰富与园林情调却受制于建筑实体界面的宏大尺度与厚重的体量，形成一种特殊的对比氛围，成为阿德良宫突出的环境特征（图5–10）。

相对城市住宅环境而言，位于城郊的花园别墅显现出更具有田园风貌的环境特征。七丘的罗马地形起伏，夏季山坡上气候宜人，视野开阔。人们在山坡上造园时常将坡地辟为数个台地层，建筑布局相对灵活，力求借助房间的朝向与门窗的安排，引入室外不同的景观。建筑也尽量外向而开敞，通过绿棚、廊子、折叠门的过渡，使得室内空间向室外渗透，并利用壁画将自然的气息延续到室内。

复习思考题：

1. 古罗马的环境艺术对古希腊有哪些传承与创新？
2. 古罗马的场所观念的主要特征是什么？举例说明它们是如何体现的？

图5-9 阿德良宫模型

图5-10-a 阿德良宫柱廊园

图5-10-b 阿德良宫圆形剧场

第 6 章　拜占庭与中世纪西欧

6.1　拜占庭

公元1世纪，在今天包括以色列在内的巴勒斯坦地区，从罗马帝国统治下的犹太人中萌生了基督教，并在313年得到帝国的承认，其后迅速传播，在整合与分裂中逐渐形成以西欧的天主教和东欧的东正教为主的两大支，对接下来的欧洲文化发展起了极为重要的影响。

公元330年，罗马皇帝君士坦丁迁都欧亚交界处的拜占庭，命名君士坦丁堡。到4世纪末，帝国分裂为东西两部分——以罗马城为中心的西罗马和以拜占庭为中心的东罗马。476年，西罗马帝国在北方民族的迁徙入侵下灭亡，东罗马则一直延续到1453年，史称拜占庭帝国。从西罗马灭亡到15世纪伴随资本主义萌芽的文艺复兴运动之间，这大约1000年的欧洲历史，在欧洲是所谓中世纪时代。

拜占庭帝国在6、7世纪达到鼎盛时期，国都君士坦丁堡坐落在海边的丘陵上，居高临下，港口沿博斯普鲁斯海峡伸长。城市周围筑有水陆防御工事，城墙高耸，碉堡林立。市中心区颇为壮观，有中央大道连贯六个广场，市中心区由王宫、圣索菲亚教堂、奥古斯都广场及竞技场等组成。它们以皇宫居中，但教堂最高，在君士坦丁堡外的海面上，四方来的船只远远就能望见圣索菲亚大教堂的巨大穹顶。

在相关环境创造中，拜占庭除较多保留了希腊罗马文化传统外，它还明显受到了埃及、西亚等东方文化的影响。由于基督教拥有国教的地位，大教堂建筑最能体现其新的建筑成就，形成了独特的拜占庭艺术风格。

拜占庭的建造技术主要体现在以穹窿为显著特征的拱券结构发展，能通过帆拱把巨大的穹隆覆盖在方形的平面上，造成下方上圆的空间和形体。教堂常以此为核心，把若干个大小穹窿或半穹覆盖的空间以及柱廊集合在一起，它们主从分明又交流融会，形成集中向心的丰富组合关系。内部从宽阔高大的中心出发向四周层层渗透，外部则产生簇拥上升式的宏伟体量。

圣索菲亚大教堂是拜占庭帝国的纪念碑（图6–1–1）。其内部高55米的中央穹顶居于统率地位，东西进深方向逐个缩小降低的半穹顶与之衔接，造成步步扩张的空间层次，两侧的空间则透过柱廊同中央部分相通，整体上既集中统一又层次多变。大穹顶底部环周以及帆拱下的窗户使中央空间的光线主要来自上部，隐喻着上帝之光从天穹铺泻下来，使人得享天国的光明与宁静。较暗处深邃的柱廊、楼廊与壁龛又使周围空间变得扑朔迷离（图6–1–2）。由于没有使用鼓座，圣索菲

图 6-1-1 圣索菲亚大教堂

图 6-1-2 圣索菲亚大教堂穹顶内部仰望

亚大教堂的穹顶显示为顶部浑圆的整体形象，而另外一些教堂则以鼓座上的穹顶突出了屋顶的高耸，通常是四周稍矮一些的穹顶簇拥着中央大穹顶，如威尼斯的圣马可大教堂。

拜占庭式教堂内部多采用彩色大理石或马赛克进行装饰，特别是大面积的马赛克，金碧辉煌，常在整个穹顶内表面组成圣像和宗教故事场景（图6–1–3）。按当时拜占庭历史学家的记述，人们进入教堂，感觉像是步入了百花盛开的草地，并且深信：这并非出自人力，而是源于上帝的恩泽，进而觉得更接近于天国的空间。

拜占庭教堂的高度远远超出罗马时代的建筑，也超出自己周围的房屋，以高耸浑圆的顶部构成城市天际线的标志性轮廓（图6–1–4）。

图 6-1-3-a 圣索菲亚大教堂内部装饰色彩

图 6-1-3-b 圣索菲亚大教堂穹顶内表面马赛克画

图 6-1-4　伊斯坦布尔城市天际线

6.2　中世纪

西罗马灭亡后的 400 年左右在西欧是所谓黑暗年代，经济文化衰落，战乱不断，人们纷纷到宗教中寻求慰藉，允诺来世的基督教被广泛接受，成为人们的精神归宿。其后，随着相对稳定的封建秩序的建立，中世纪文明在新的基础上发展起来。

在中世纪世俗社会中，占统治地位的是国王和贵族，他们构成阶梯形的封建等级。事实上，中世纪的帝国或王国已经往往形同虚构，封建领主在自己的领地内享有司法、行政和财政等一切公共权力。领主之间经常发生战争，加之同伊斯兰教国家间的敌意，具有防卫性的领主城堡到处林立。城堡往往建于险要之地，其核心塔楼是生活的中心，周围是围院，驻扎亲兵，也植有果蔬，养有牲畜，高大的围墙和护壕环绕外围。城堡墙体和碉楼凹凸参差形成错落的平台，墙面上有雉堞和箭窗，虽不是刻意的艺术设计，却以丰富的轮廓线和雄壮险峻的气势，成为中世纪西欧环境景观的突出特征之一（图 6-2-1）。

统治人们精神的教会排斥希腊、罗马时代的古典文化，认为只有基督教教义是惟一的真理，此外一切都是异端或邪恶的源泉。早期基督教一度对人为艺术抱有敌意，后来在赞美上帝、宣扬宗教的原则下发展了它。中世纪环境艺术首先体现在宗教建筑环境中，进而影响了城市的面貌。

中世纪社会生活中最重要的建筑是教堂，其早期的朴素形式经历了几百年的发展，在 12 世纪形成了气势恢宏、装饰华丽的哥特式风格。在这种以高耸的尖塔、尖拱著称的建筑中，外部体量被小尖塔、尖拱廊及其繁复的竖向线脚分得十分细

图 6-2-1-a 那不勒斯蛋城远景

图 6-2-1-b 那不勒斯蛋城内狭窄的坡道

碎，似乎是一簇箭头拥在一起欲向天空升去（图6-2-2）。在其内部，空间被拉长、升高。著名的巴黎圣母院、科隆大教堂等由入口到尽端的轴线长度达到100米以上，两侧是垂直线组成的筋骨嶙峋般的柱列，导向通常在东端的华丽圣坛，这里有长明的烛光和象征耶稣受难和为人赎罪的十字架。顶棚高度则达三四十米以上，由柱顶伸出的尖拱状肋架指向天空，旁边是布满宗教人物和故事图案的彩色玻璃窗，天光变得扑朔迷离。环境尺度、造型和光线都造成一种强烈的感染力，让人相信上帝的伟大，感谢基督的救赎，幻想天国的幸福（图6-2-3）。

图 6-2-3-a 米兰大教堂内景

图 6-2-3-b 米兰大教堂内彩色高窗

图 6-2-2 巴黎圣母院

在体现宗教精神的外部空间群体组织中，中世纪城市形成前就出现的修道院有典型意义。修道院是大体自给自足的僧侣社团，它们的建筑一般以高耸的教堂为核心，其他如僧舍、食堂、病房、客舍、仓库等较为低矮，错落配合，围成庭院、园圃。除了完成基本活动功能外，以高耸教堂为核心的修道院建筑组群体现了明显的宗教环境意象——接受和赞美上帝统治和基督引导的生活。这种修道院群体形式有的直接作用于周围景观的形成，法国圣米切尔城山是其突出代表（图6-2-4）。它位于诺曼底海岸线的一处小岛上，在13世纪的重建当中，教堂和环绕着它的修道院占据了山的巅峰，高耸的尖塔耸立于中心，其下是自发形成的城镇。在前景空旷的原野及远景海岸线的映衬下，这一空间构图呈现出由低矮到高耸的集中态势，似乎诉说着对天国的向往。

这种环境意象更多时候随着城市和大教堂的建造而扩展。由于多为自发形成，中世纪城市的总体平面布局自由随机，城墙之外有河湖水面萦绕，起到防御作用，后随城市扩大被包容进来，成为良好的景观元素（图6-2-5）。在众多高不过两三层的建筑当中，大教堂的形体尤为突出。常为百米以上的大教堂尖塔不仅是城市的视觉标志，还得到遍布全城的其他教堂尖塔的呼应，大型世俗建筑也吸收了教堂的形式要素，形成彼此关联的城市空间和体量，在宗教标志下取得统一，整个城市似乎要随着尖塔的牵引向上天飞去（图6-2-6）。

大教堂外常有小广场，数条街道从这里伸延出去。广场被教堂上的钟楼、圣像和繁琐的尖券雕饰所俯瞰着，是市民进行宗教集会、狂欢的地方，集市也在这里形成。在设计巧妙的某些案例中，广场又往往能和周围的自然景观建立特定的联系，丰富了城市空间的趣味。随着经济文化的发展，中世纪盛期的城市还建起了

图 6-2-4　圣米切尔城山全景

图 6-2-5　佛罗伦萨维其奥桥

图 6-2-6　中世纪城市

图 6-2-7 佛罗伦萨维其奥广场

市政厅、行会大楼等较大规模的世俗建筑，它们的形象多吸取了城堡或教堂的造型元素，前面也常有广场（图6-2-7）。

中世纪城市的街道通常狭窄曲折，民居、作坊是简单的高坡顶砖石或木结构，直线、斜线等错落的线条感也很明显，但同教堂等大型建筑形成强烈的体量反差，在当时的条件下阴暗肮脏。但今天得到良好维护的中世纪街道遗存，却是另一番景象，建筑层层叠叠、错落有致，许多L转角衔接着小广场，以亲切宜人的尺度和丰富多变的视觉效果令人流连。教堂或市政厅的塔楼是街景中的活跃因素，它们或是在狭窄的一线天际间时隐时现，或是一幅较为宽阔的画面中的突出标识，吸引人们前往，体现着偶然与随机环境构成关系间的魅力（图6-2-8）。

图 6-2-9 罗马圣保罗教堂以柱廊环绕的中庭

图 6-2-8-a 帕多瓦城市街景

图 6-2-8-b 威尼斯城市街景

西方中世纪的园林远不如它前后两个时代发达，但在宗教和世俗生活中仍然很重要。带有艺术性的园林在修道院中首先出现。在修道院教堂旁，常有一个由连拱廊围合的方形或矩形庭园。园地种植花木，被十字交叉路分开，中心常为喷泉，是僧侣们冥想内省的场所（图6-2-9）。另一种园林同城堡中的贵族生活有关（图6-2-10）。早期城堡园依附于城堡本身，在层层平台上装点树木花卉，但可能并未经整体的景观设计。中世纪盛期，出现了建于平川上的城堡府邸，果木园、花卉园及观赏园也相应出现。园林间有泉池、凉亭或小格栅，树木被剪成几何形体，面积不大，却很精致。中世纪末，庭园不再局限在城堡之内，而是扩展到城堡周围，有放射性园路和畦式种植的花草，图案日益几何

图 6-2-10-a 《玫瑰传奇》插图中的中世纪城堡庭园

图 6-2-10-b 城堡庭园中的娱乐场景

化，甚至有迷宫式的绿篱。这一时期的园林环境，除了规则的绿化显现出的秩序美之外，缺乏特殊的景观价值。法国的蒙塔尔吉斯城堡就是这一时期较有代表性的城堡庭园（图 6-2-11）。

复习思考题：

1. 试总结中世纪西欧城市典型的环境景观特征。
2. 中世纪修道院园林具有哪些环境特征？反映了怎样的精神内涵？

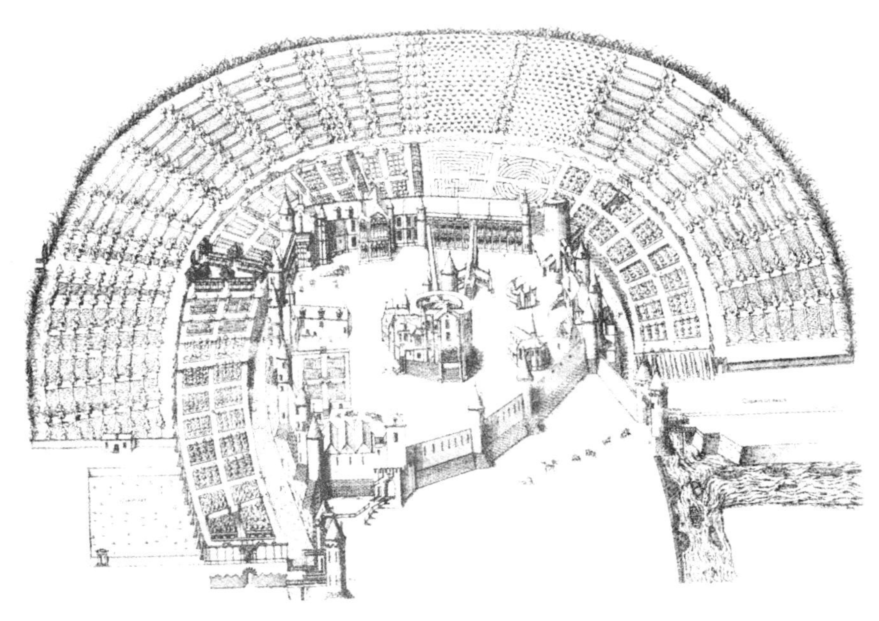

图 6-2-11 中世纪蒙塔尔吉斯城堡花园

第7章 印度与东南亚

印度河和恒河流域的古代印度地区，早在公元前3000多年就有了相当发达的文化，这里有人类历史上最早的城市，如方格网状布局的谟亨约·达罗城。公元前两千纪后，雅利安人带来所谓"吠陀"文化时期，它以婆罗门教（印度教前身）的"吠陀经"而得名。公元前5世纪末，产生了佛教，兴盛于公元前3世纪的孔雀王朝阿育王时代，此后一度主导了印度文明。6～9世纪，婆罗门教又重新排斥了佛教，后来转化为印度教，同时也存在着专修苦行的耆那教。佛教和印度教的环境艺术，土生土长，非常独特，但雕塑造型曾受到公元前3世纪亚历山大东征带来的希腊化影响。自11世纪到15世纪，中亚来的伊斯兰教徒占据了古印度的许多地区，因此，这里还有中古以来丰富的伊斯兰文化特征。东南亚各国则受到印度文化的重要影响，环境艺术方面的佛教和伊斯兰教特点突出。

主导性的古印度环境艺术似乎只为宗教而存在，其基本主题就是对"中心"的表现。每一座寺庙或宫殿都展现为一个小型的宇宙轴心，这与历史悠久的曼陀罗图形存在着关联。曼陀罗本是《吠陀经》中抽象的神圣场所概念，认为地球是圆形，而绝对的超现实精神——梵天，存在于方形的场所形态中。曼陀罗图式具有多种变体，或为圆形，或是内切于方形的圆形，或是一系列方形、十字形组合等等，均有明显的几何形式和极强的向心性，是城市和寺庙设计的基本模式（图7-1）。在这种模式下，印度建筑环境的各种石构关系及其表面使人眼花缭乱的雕琢，也具有明显的地域特征。

图7-1 18～19世纪时期绘画表现的曼陀罗，此为流传于西藏的一种形式

印度地区的早期古代遗存主要是佛教建筑，其中最著名的是窣堵坡。窣堵坡为佛陀和著名僧侣的陵墓，并是佛教建筑中最具典型意义的佛塔的原型。始建年代可能推至公元前3世纪前后的桑契大窣堵坡最具典型性，其半球形的主体既是佛陀的象征，也隐喻着天穹。半球顶端是石柱，犹如概括抽象的树形，同早已形成的菩提树崇拜有关。窣堵坡四周围以石栏，象征着石栏菩提。石栏四向正中设称为陀兰那的门，形式如中国的牌坊，上有内容以佛本生故事为主的精美雕刻和浮雕。窣堵坡主体与石栏雕塑、雄踞与围绕，形成完整厚实与空灵通透的对比、抽象表达与具体描述的对比，人们从外围建构上欣赏具体形象与故事的丰富美，进而从核心体量上体验精神的单纯伟大（图7-2）。

在相传佛祖悟道的菩提迦耶，存有公元前2世纪始建，14世纪重建的佛祖塔，也称金刚宝座塔。造型是下为巨大方正的基座，上为五座瘦高方锥塔，塔表面布满雕刻，但仍旧保持着轮廓的几何明晰性，有水平分划而不显著。它象征着大地以及在大地平面上延展的五方佛国，让人体验佛陀精神的立教传播。柬埔寨吴哥

图 7-2-a 桑契大窣堵坡南陀兰那

图 7-2-b 桑契大窣堵坡南陀兰那

图 7-3 柬埔寨吴哥窟鸟瞰

窟就是这样的典型（图 7-3）。

窣堵坡和金刚宝座塔都主要是一种以自我为中心的实体性建构，在自身的建筑意义之外，以体量和浮雕对周围环境形成心理和视觉的控制力。

窣堵坡的变体——各种形式的佛塔被作为佛陀的象征，逐渐向高耸发展，具有了佛教环境中的至尊地位。以高大的佛塔为中心，成了早期佛寺的主要环境形式。另外，佛塔还一直用于保存圣物和作为高僧的陵墓形式，经常在佛寺建筑附近构成塔群。东南亚佛寺多以更突出窣堵坡上塔刹的高大佛塔为中心，是这一传统的遗存和发展（图 7-4）。

图 7-4 曼谷，王宫玉佛寺

石窟是历史久远的另一种印度宗教建筑，主要供修道。古印度人认为，大地的隐深处和神域之间有着某种关系，洞窟是理想的修身环境，佛教也接受了这种观念。随着文化的发展，宗教石窟的建造形成了一种独特的环境艺术。现存最有代表性的石窟是哈拉施特拉邦的阿旃陀和埃罗拉石窟群，自1世纪以来陆续开凿于不同时期。用作庙宇或修行处的佛教石窟群形式独特，沿着天然石壁，有的有自己前面的庭院，有的开凿成上下两层。石窟内外壁模仿竹、木建筑，惟妙惟肖地雕凿出各种构件形象，尽端或中柱上雕有主体佛像，以及各种协侍形象与宗教故事（图7–5）。这种用开凿与雕刻方式构成的内外环境，同自然结合，表达了对某种

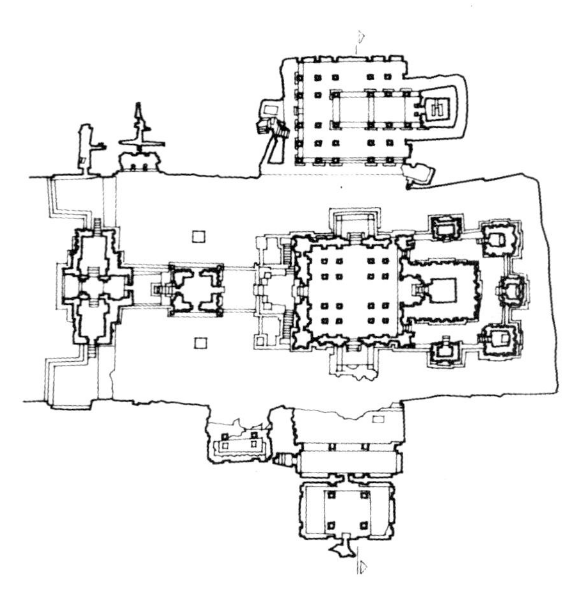

图7-5-a 埃罗拉石窟群，凯拉萨神庙平面

图7-5-b 埃罗拉石窟群，凯拉萨神庙外观

图7-5-c 埃罗拉石窟群，凯拉萨神庙石雕

心理与实际空间的独特追求。随着佛教传播，石窟艺术在亚洲大部分地区得以延续，并产生了不同的特色。

图7-6 曼谷，王宫玉佛寺寺院

由于佛教被较早排斥出印度地区，原来可能有的木结构建筑荡然无存。东南亚地区的佛教建筑，寺院殿堂采用木结构，有数层轻巧的屋顶飞檐，山花奇巧，色彩斑斓或雕琢绚丽，围绕形体更精致的佛塔，形成绚烂多姿的环境（图7–6）。

在印度中南部，留有许多宏伟的古代印度教神庙。这种神庙内部有着组织关系丰富、具有象征意义的空间，如有时采用梅花形布置方式，即在矩形形体内以两个对角线为轴线来组织空间，在中心和四角形成殿堂，但外部形体具有更强烈的环境感染力。印度教相信每座庙宇的形体就代表着神的本体，因而极力突出它。神庙的外轮廓远远超过内部的实际空间尺度，厚重的墙体和层层收束的高耸圆顶带来体量的宏伟，使人能在各

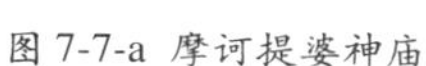

图 7-7-a 摩诃提婆神庙

图 7-7-b 摩诃提婆神庙入口

图 7-8 摩诃提婆神庙细部雕刻

个方向看到它，隐喻宇宙之柱和世界轴心的壮丽（图 7–7）。庙宇内外表面满布雕刻，尤其是中心神堂，几乎完全被当作雕刻品。按照印度教的观念，建筑体块的动感与富于动态变化的外部装饰，能够表现出普照尘世万物的神明的威仪。极为复杂的雕刻图案以宇宙生命的节奏为参数，超越个体的思想情感，表达出对神的无比敬畏（图 7–8）。当几个庙宇组成神圣群体的时候，围墙内宽阔的院落、严整几何对称布局的一个个高耸体量以及炫目的雕塑，造就极为庄严神秘的气氛。这种建筑也传播到东南亚印度教流行地区。

复习思考题：

为什么说古印度的环境艺术主题是宗教的?

第8章 伊斯兰教地区

公元7世纪，在阿拉伯地区产生了伊斯兰教。7世纪中叶后，政教合一的阿拉伯帝国曾一度扩张至中亚、北非以及欧洲的比利牛斯半岛，阿拉伯帝国虽然不久就分裂了，但在这广大的幅员内，伊斯兰教被普遍接受，进而又向东方的印度及更远地区传播。后来曾先后入侵和统治这些区域的土耳其人、蒙古人等也皈依了伊斯兰教。伊斯兰世界虽然曾战事频繁，但宗教文化却始终稳定地发展，同中世纪欧洲一样，宗教场所也是这一地区最重要的精神生活环境，建筑环境艺术以清真寺为主导形成了独特的体系。但由于民族成分复杂，地方建筑传统和自然条件差别较大，各地的风格差异曾相对较明显，但又随着时间的推移相互融合。

图8-1 伊斯法罕，雅米清真寺

图8-2 布哈拉，卡拉延塔

阿拉伯地区的早期清真寺，环境主体是矩形庭院，其中央有水池，供斋戒沐浴等（图8-1）。庭院四周围以联拱廊，它向庭院开敞，是炎热的沙漠地带凉爽的庇护所。联拱廊的一面进深较多，形成主要的礼拜堂，通常朝向圣地麦加。礼拜堂内排排柱墩和宽大的拱券形成层层以横向为主的空间，其中心常覆盖较高的穹顶，形成方圆关系中的空间和形体，按照伊斯兰的信仰，方圆联系象征着天地的连接。联拱廊外围是厚重的实墙，把内外环境明确分开，但庭院与联拱廊、礼拜堂则没有严格的内外界限，使室内外空间交织。清真寺还常有高大的塔，亦称唤拜楼，供呼唤城市和乡村中的信徒用。早期的光塔位置比较自由，形式也多种多样，大体借鉴了古代两河流域的山岳台，有方形、圆形、或螺旋形，与清真寺的方正形体构成鲜明的对比，高度可达30余米，成为外部形体构图的重点（图8-2）。

随着伊斯兰教的传播和拱券技术的进一步发展，11世纪后在中亚和印度等地形成了集中式的清真寺，并反过来影响了它的发源地。在这种清真寺中，早期的庭院环境特征仍然存在，但正面大殿被突出出来，成为空间形体的主导，至更近晚的时期，有些清真寺甚至没有了庭院。集中式清真寺大殿的形体远远超过附属的联拱廊或殿堂，通常形体方正，并形成巨大的正方形中央空间，其四周常有凹龛，上方是通过方圆过渡结构和鼓座高高举起的穹顶。正立面在穹顶下是巨大的竖向长方形墙面，通常称为礼拜墙，两端各附一尖塔，当中有半穹下凹入的高高的壁龛形门洞“米赫拉伯”，标明着圣地麦加方向。这样的清真寺，形体景观极为壮观。饱满圆润的穹顶或其洋葱头、瓜瓣形等变体、尖塔同方正的墙体、转角尖锐的殿身形成强烈对比，有坚实稳定的形体体积感，又显示升腾的动势(图8-3)。

土耳其的清真寺建筑在伊斯兰世界别具一格。在占据了原拜占庭的土地后，新的宗教借用了圣索菲亚大教堂式的基督教教堂形制和结构，到处建造起小穹顶配合中央大穹顶的清真寺。直接处在方形建筑体量上方的穹顶形体浑圆或扁圆，配合建筑四角尖细的高塔，外部远景使人联想到游牧部落的帐篷或一簇簇的蘑菇(图8-4)。

图 8-3 撒马尔罕，兀鲁伯经学院

图 8-4 土耳其，阿赫默德苏丹清真寺

伊斯兰教禁止偶像崇拜，环境艺术中一般没有其他地区常见的人物绘画和雕像，建筑整体造型突出方正、浑圆形体的明确凹凸，门洞壁龛阴影鲜明，拱廊节奏单纯。局部的形体丰富，主要来自拱形和拱顶与墙体连接结构的装饰性处理，如联拱廊的马蹄形、多瓣形拱，拱顶起脚处令人眩目的钟乳饰等(图8-5)。在简洁的几何体上，横竖、斜直、凹凸等花式砖石砌筑变化，形式多样的镂空石窗格，为二维平面带来了丰富的肌理美(图8-6)。14世纪后，马赛克和琉璃砖被大量应用，布满穹顶、鼓座、塔身、墙面等一切内外表面，除了附有丰富的古兰经文和抽象植物图案外，色彩光泽也成了主要的装饰因素。穹顶外表面常用青绿色马赛克，造成融入蓝天的错觉，更构成伊斯兰建筑环境界面的一大特色(图8-7)。

图 8-5 西班牙，哥多瓦大清真寺，双层马蹄形装饰的拱券

图 8-6 科尼亚，因杰·米纳雷经学院大门细部

图 8-7 伊斯法罕，沙赫·卢特富拉清真寺

多数伊斯兰地区城市的特征体现为矩形房屋和院落的空间组织，而这种组织似乎是一种无秩序的生长——所有的建筑，包括住宅、宫殿及公共建筑都有内院，房屋形式极为类似，但群体关系则不规则，曲折的街道、小巷和通廊像迷宫一样交织错杂，从一个街区到另一街区，从街巷到庭院，空间环境使人几乎无法区别。在社会生活中，区域单元通常是以某一清真寺为中心形成的邻里。因此，清真寺方正的大体量轮廓在不规则的街区当中显得异常鲜明，清真寺的穹顶和塔成了在大片平顶房屋之间活跃城市天际线的主要因素。与西方由教堂尖塔及一般建筑的高坡顶所显现出来的富于斜线和骨架感的群体形象相比，伊斯兰城市所表达出的外部空间形象无疑较为平缓、厚重（图 8–8）。

图 8-8 也门首都萨那城市景观

到16～17世纪，几座伊斯兰国家新都如伊斯法罕、阿格拉等出现了许多宏伟的城市中心建筑群，在传统的不规则城市环境中出现了规则的几何形结构。伊斯法罕城在改建中建造了规整的横长矩形广场——皇家广场作为城市中心，周围有宫殿、清真寺等建筑群。与广场群成一定角度，还修建有一条壮观的笔直大道，两边是一系列正方形的伊斯兰花园，尺度巨大，构图严谨，足以同法国新古典主义时期的凡尔赛宫花园媲美，但新建部分的几何式结构与不规则的旧城区却没有任何关联，没能创造出富于整体性的城市外部空间意象（图 8–9）。

伊斯兰城市常显示出很强的防御性，如在 766 年兴建的巴格达城。宫殿设在中央空场上，周围被三层环形围墙包绕，普通城市街区位于内核和中间围墙之间，四座城门位于四个正向方位，各大门以其所通往的省区名称命名。城市的中间围墙与外墙之间保持空旷开敞，有重要的军事意义。

伊斯兰世界地域辽阔，但大体都处于干热少雨的地区，人们向往着古兰经所描绘的树木成荫、泉水充沛的天堂形象，对伊斯兰的园林环境艺术的出现产生了重要影响。伊斯兰的园林布局简洁，基本为绿化的庭院。从宫殿到私家庭园，再到墓园，都以古兰经对天国的描绘为蓝本，常以十字形水渠将庭院划分为四等分，中央为喷泉，周围为花圃，表现出相当的一致性。这种几何式园林与古罗马的住宅庭园、拜占庭庭园以及西欧中世纪修道院庭园均十分类似，因此，也有人认为，伊斯兰国家的花园格局是从拜占庭传播过去的。

建造于13～14世纪比利牛斯半岛格拉纳达的阿尔罕布拉宫有着伊斯兰世界最优美的庭园之一。它数个院落构成的建筑群以两个互相垂直的长方形院子为中心，南北向的为柘榴院，正中一条水池，是庭园的主角，院子两端是拱廊，柱子纤细，拱形活泼，雕镂华丽，倒映在水池当中，静谧温馨（图 8–10）。东西向的为狮子院，中央是一个由 12 头狮子驮着的水池，十字形的水渠向四方伸去。狮子院被水渠划分的四个区域现在是平坦的石铺地，而当初却是下沉式花圃，种植树木。院子周围是一圈拱廊，精巧纤细柱子或单个、或成双、或三个一组，节奏富于变化

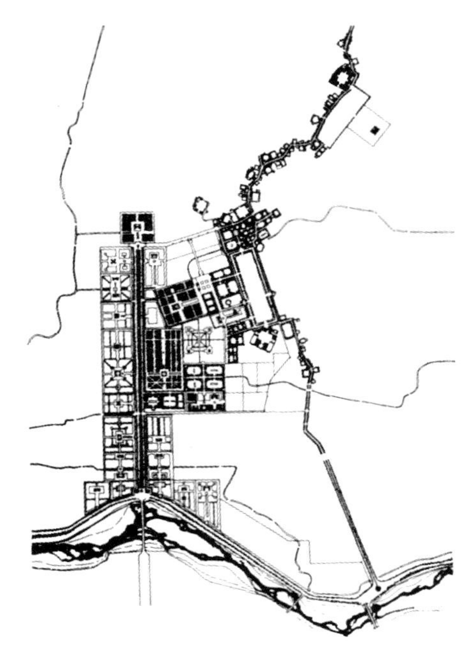

图 8-9 伊斯法罕城市平面

图 8-10-a 阿尔罕布拉宫柘榴院南望

图 8-10-b 阿尔罕布拉宫柘榴院北望

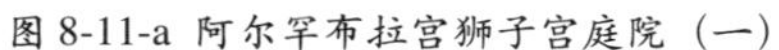

图 8-11-a 阿尔罕布拉宫狮子宫庭院（一）

图 8-11-b 阿尔罕布拉宫狮子宫庭院（二）

（图 8-11）。在阿尔罕布拉宫庭园这样的宫殿园林中，实墙和屋顶被淡化，取而代之的是拱廊纤巧的柱列，以及形象丰富、满布镂雕的拱形所带来的通透和不安定的光影，同水体的波光粼粼与花木的绚丽多姿相互协调。

伊斯兰国家的皇家陵墓建筑直接借鉴了清真寺的造型，而周围也常形成优美的园林化环境。陵园多为方形，陵墓主体建筑位于构图中心，前后左右沿轴线的道路成十字形，把陵园分成四大块，然后每块再分成小方块，这种布局方式明确地隐喻着天堂。印度境内著名的泰姬－玛哈尔陵在此基础上进行创新，将陵墓主体

图 8-12 泰姬－玛哈尔陵

从十字中心的位置后移，居于纵轴的尽端，将花园完整地呈现在陵墓之前，也为主体建筑提供了必要的正面观赏距离，并保持了花园的整体性。乳白色的主体建筑体量巨大，雍容地坐落在四个尖塔限定的平台空间之内，临池而建。四个小亭簇拥着饱满的中央穹顶从高大的鼓座上隆起，伴着周围暗色的树木，庄重肃穆，而这一切，又都倒映在前方的水池之中，增添了一种宁静超脱的美感，展现出伊斯兰陵园环境特殊的艺术感染力（图 8-12）。

复习思考题：

试比较伊斯兰园林与古罗马住宅庭园、西欧中世纪修道院庭园在环境特征及精神内涵上的异同。

第9章 朝鲜和日本

朝鲜和日本自古就同中国有密切的文化交流关系，中国的盛唐是它们大量吸收中国文化的时期。此后，社会文化在近代以前相对稳定发展，以较浓厚的中国唐代文化为基础，结合自身的民族和地域特色，创造出自己的传统环境艺术。

9.1 朝鲜

中国文化很早就出现在历史上的朝鲜。汉朝曾在朝鲜的西北地区建立了其属地，即乐浪、玄菟、真番和临屯四郡。在平壤附近的乐浪遗址已发现了公元前108至公元313年左右的中国式城市建筑群，尤其是其中的一座陵墓，从平面、结构及建筑装饰都可看出与中国的直接联系。

持有整个东亚地区的普遍观念，朝鲜人重视人与自然的和谐，环境设计中最显著的特征是城市、建筑与自然环境的完美契合。

古代朝鲜的城市形态基本以棋盘式街道布局为模式，但轮廓依照地形，城墙和街道有极大的自由度，在平面上展开灵活、分散式的布局，以及能不断扩展的建筑与庭院组合单元。房屋采用木结构。得益于其拆装便利性，形体灵活多样。其装饰长期保持古朴风格，用木、瓦、石等天然材料，不加彩绘，带来平滑自由的表面和淡雅的色调，使建筑与自然环境的色彩与形式更为协调。较近年代的朝鲜重要城市在巨大砖石城墙上常建有木构的城楼，既表现出中国同类型建筑的渊源关系，也具有朝鲜半岛建筑自身特有的韵律和比例，建于1794～1796年的水原城墙及城门是典型实例。除东南西北四个城楼之外，城墙上还有暗门、水门、敌台、弩台、空心墩、烽墩、雉城、炮楼、铺楼、将台、角楼、铺舍等，形式奇巧，集防御性与游览性于一身（图9–1–1）。

图9-1-1 水原华城西北空心墩

随着佛教经中国的传播，佛寺建筑及其同自然环境的结合，在7世纪后的朝鲜显示了重要的成就，最有代表性的是佛国寺。寺院建筑坐落在庆州附近的山地上，平面布局同中国唐代佛寺基本相同，有两个并列的院落，周围廊式。单体也极似中国唐代建筑，造型舒展，风格雄壮。其山门左右转角处分别为钟楼和经楼，立在高台之上。高台分两层，用大块毛石砌筑坝墙，于质朴中见出粗犷格调。坝墙中间嵌以石柱，同台上木建筑的柱子取得统一和谐的韵律，形成不同自然质感的精妙对比与和谐，整个群体雄健而飘洒，并与寺庙所在的山林环境完美的契合（图9-1-2）。

繁盛期的大型朝鲜宫殿与宗教建筑，带有中国晚唐特征的木建筑斗栱支撑着出挑深远的屋顶，由于层数的增加以及基座与主体之间比例的改变而加强了竖向感（图9-1-3）。石塔、石灯等石构筑，形状多种多样，如圆柱形、钟形和多边形等，其表面常常饰以精美的雕饰，同木建筑配合形成情趣盎然的环境要素对比。如佛国寺多宝塔，高约10米，以花岗石逼真地模仿木构，栏楯宛然，檐角翻飞，风格俊逸（图9-1-4）。在很长的时间里，朝鲜从政治和社会结构到文化艺术等各个领域，都严格遵循儒家的礼教制度和尚古之风，宫殿、寺庙和城堡延续着雄浑有力的风格。初建于1394年的景福宫，总布局同北京元、明故宫相似，体现着天覆地载，帝道惟一的思想（图9-1-5）。

佛国寺东北的雁鸭池遗址，是古代朝鲜著名的皇家园林，国王在此为护国而祭祀龙王和山神，也接待外国使臣和大臣欢宴。雁鸭池南岸到西岸的护岸石堤是直线，东岸到北岸为自由曲线，石堤上有叠石。它一池三山的格局体现着源自中国的神仙思想，东面和北面小山环抱，西面是临海殿，当时宫殿西、南面的水池周边均有廊庑，并在水池突凸处建有楼阁，均用廊子联系（图9-1-6）。中国主流的儒家文化对朝鲜园林艺术影响也很深刻，例如昌德宫芙蓉亭，即表现出君子比德的思想意趣（图9-1-7）。

图 9-1-2 佛国寺山门及钟楼经楼

图 9-1-3 昌德宫仁政殿

图 9-1-5 景福宫鸟瞰图

图 9-1-4 佛国寺多宝塔

图 9-1-6-a 雁鸭池遗址鸟瞰图

图9-1-6-b 雁鸭池中源于中国园林母题的曲水流觞一景

图 9-1-7 昌德宫芙蓉亭

1592～1598年发生日本入侵后，朝鲜的传统风格发生了变异，建筑一度有过度奢华的装饰风格，荷花、牡丹花、几何图案以及密集缠绕的藤蔓卷纹被用来装饰建筑尤其是室内。同时，由于佛教地位的下降，石筑纪念性建筑逐渐消失。

9.2 日本

日本古代文化是日本本民族文化与传入日本的中国文化的一种融合，并以非常独特的形式发展延续。

日本古代都城及宫殿较早接受了中国的影响，7世纪的宫殿遗址显现出当时建筑群体的配置相当严谨，有的还冠以"太极殿"、"十二通门"等名称。始建于710年的平城京（即今奈良）是日本第一个永久性国都，其方形城市平面和棋盘式街道，以及皇宫和行政建筑在城市北部中心区的位置等，都同中国隋唐时期长安城相似。建筑组群也模仿中国的组织形式，如新王宫完全以唐宫为原型，大型贵族府邸建筑也以单体围合中心庭院。794年的平安京（京都）继续沿用相似的格局，皇宫位于宫城中轴线的南半部分，周围有一圈复廊。复廊内建筑布局严整，中轴线上"前朝后寝"，依次排列着前三殿与后二殿。其本国特色主要体现为整体环境俭约素净，正殿紫宸殿前的大院满铺白砂，建筑物屋面用桧树皮葺，梁枋斗拱等全用素木，地板也是本色（图9–2–1）。这种朴素的环境风貌，在各国的宫室环境中是很少见的。

图 9-2-1 紫宸殿前景

16世纪中叶的尚武与战乱，以及欧洲人的首次到来，催生了新的城郭型宫廷形式。它一般依托城市里的高丘而建，带有城堡和要塞的建筑特征。高墙层叠之上的中央高楼叫做天守阁，周围筑有一道道的壕沟和石垣，形成的环形带上分区设置着宫殿、书院、邸宅等等。这种带有强烈防御性、军事性的城郭型制，在16世纪末突然出现，又迅速衰落，但却缔造了日本环境艺术中高台筑楼，飞檐凌空，以坚实雄峙取胜的一章。姬路城天守阁是其中优秀范例（图9–2–2）。

图 9-2-2 姬路城天守阁

日本流行自然神教，称为神道教，以神社崇奉各种神灵。神社通常以素木建于风景优美的山林、海滨，在不大的地段内以特有的环境意境，如被遮天蔽日的松柏林包围，实现与自然神的对话。在通往神社圣地的大道上，往往有一种牌楼式的门，名为鸟居，是环境转换的节点。神社主体形式类似居住建筑，但更精美，按照规定，每二十年重建一次，形式不变，木材则在更新，反映了源自中国文化中"木"之生生不息的观念。神社主体建筑周围通常设栅栏，地面满铺松散的卵石，其粗糙的质感将建筑衬托得更为精美。创建于12世纪的严岛神社是日本最优美的建筑群之一，充分利用了环境的天然优势，创造出恍若海市蜃楼的境界。它位于广岛朝西北的袋形海湾里，本殿位于湾底岸边，前面的拜殿、祓殿及舞台等，都建造在海面平台上，背后是松林茂密的御山。正对这一轴线，海面远景中央伫立着鸟居，萦回曲折的游廊、桥梁等将周围一些散布的小型建筑与主体连接起来，参差错落，疏密开阖，层次极其丰富（图 9-2-3）。

图 9-2-3 严岛神社庭

日本佛教由中国传来，平城京中著名的唐招提寺是由中国高僧鉴真主持建造的，有着典型的中国唐代风格。在其后的发展中，佛寺同本土的邸宅、别业相结合，有了显著的风格改变。建筑变得轻灵多姿，并更加追求与环境的融合。比睿山延历寺、高野山金刚峰寺就是此类建筑的典范，它们点缀于山林之间，与自然环境融为一体。1053年建造的京都府平等院凤凰堂原为庄园，有着优美的园林化环境（图9-2-4）。其庭园是典型的"净土庭园"，以种植着莲花的湖池为中心，表现佛教净土曼陀罗中的庭园，象征着极乐世界。建筑主体正面临水，两翼向前成倒凹字形，以歇山顶居中，左右轻快的悬山顶和攒尖顶陪衬，轮廓错杂，迭宕起伏，层次清晰。此外，还强调室内外环境的流动与渗透：地板架空，四周出平台，最大程度地将室内空间向室外延伸；轻质的板障和门，从天花到地面一扇一扇均可推拉，更加强了内外空间的流通感，从不同角度观赏，周围环境景观呈现出千姿百态的变化。

图 9-2-4 平等院凤凰堂

日本化的佛教禅宗寺院流行枯山水庭园，如龙安寺庭园（图9-2-5），院内地面满铺白砂，耙梳出流畅的曲纹，十五块石头分为五组，疏密有致地散落其中。白砂表现大海，石头象征海岛，还可有成串的石板代表浅滩。这种庭院艺术主要供观赏，以看似随意的砂石铺置影响人的潜意识，传达一种大自然的静谧和谐感。受禅宗自然观的影响，"枯山水"庭园也出现于以后的世俗建筑庭园中。

“寝殿造”式日本贵族府邸，布局基本同中国式相仿，建筑物依轴线居中和两边对称，中间为庭园。在材料、结构和建造方法等方面则有明显的日本自身的特色，坡屋顶砖木瓦与树皮、稻草同时使用，墙面暴露木结构，艺术地显示出纵横框格图案。寝殿造庭园通常有一方池沼，水、石、桥等不是单一静止的要素，而是组合成从园中的各个角度都能观赏的全景画面（见图 9-2-6）。

世俗环境在许多时候也体现神道和禅宗思想的影响。伴随禅宗而生的茶道，带来了草庵风的茶室和茶亭，形成传统，成为日本最有特色的建筑类型之一。茶室外观往往不加雕饰，采用落地窗，民居的泥墙顶。其外墙椽、柱细长，多推拉隔扇，可向室外大面积开敞，促进了室内外空间的流动与融合。除时常点缀于自然风景中外，茶室自身也常有小庭，规模一般小于寝殿造府邸庭园，周围有步石、树木，在狭小的空间中创造出丰富的变化，形成萧索淡雅、轻巧宜人的建筑与环境风格。在茶室的基础上，在寝殿造后产生了“数寄屋”这种重要的住宅形式。数寄屋即田舍风的住宅，模仿茶室，但更为齐整，木材常涂为黑色，障壁上画水墨画，成为此后住宅普遍沿用的传统风格。修学院离宫、桂离宫是这种风格的大型皇家与贵族宅第杰作（图 9-2-7）。

在中国宋代文化影响下，与日常生活密切联系的世俗游赏园林在日本也很流行，较大的园林一般称为“回游式”，如金阁寺庭园（图 9-2-8），具有很高的水准。其设计意向与中国基本一致，主要是对自然风景的象征性再现。借迂回曲折

图 9-2-5 龙安寺庭园

图 9-2-6-a 京都二条城庭园

图 9-2-6-b 京都二条城庭园

图 9-2-7 桂离宫庭园，底景为茶室

图 9-2-8 金阁寺庭园

图 9-2-9 清澄园石灯笼

的空间处理延长游览路径，通过岛、冈、桥等增加景观层次，采用缩小尺度，分区设景、借景，点景题名等手法来增添园林的诗情画意。而明显的个性在于，日本园林中建筑比重低，体量小，风格简素，置石更少斧凿痕迹，缓和的堆叠或散置多真实野趣，树木经常修剪，有似盆景，低矮的石灯（图9-2-9）、石水钵特色鲜明，路径的铺砌也尤为精雅。整体上看，日本园林水平感强，微缩味浓，并更显宁静。

复习思考题：

结合朝鲜与日本的实例阐述：重视人与自然的和谐是东亚地区环境艺术设计的普遍观念。

第10章　美洲

图 10-1 奇清－伊乍古城的战士庙入口处

美洲最初的狩猎者来自亚洲。大约三万年前，他们越过当时还是陆地的白令海峡来到美洲。在公元4000年前农业文明出现于中、南美，在欧洲人来到以前，较发达的美洲古代文明也主要集中于这一地区。公元100年到900年是中美洲地区的“古典”时期，其代表是玛雅的城市文化及其影响，其后，多尔台克人过分尚武的统治一度使之衰落。12世纪，阿兹台克人为这一地区带来200余年的兴盛。在古代南美，11世纪至15世纪沿秘鲁境内安第斯山脉形成的印加帝国一度强大，也建立了发达的城市。16世纪以来的欧洲人入侵摧毁了一度发达的古代美洲城市，几百年后只剩下一些遗迹。

玛雅人、阿兹台克人等的文化建立在自然崇拜的基础上，他们相信上苍的力量能造福或毁灭人类，太阳、月亮、方位、季节、雨水对人类生存意义重大，有着发达的天文学和历法。城市主体环境以宗教建筑为主，巨大的石材礼仪建筑和富于神秘抽象感的雕塑体现着相关的意向（图10–1）。

在玛雅人的城市科潘城等，城市中心环境显示优美的仪典性神庙与广场组合（图10–2）。玛雅人的神庙以巨大的层层台基构成阶台形金字塔而闻名，相对较小的殿宇建在其上，正面阶梯直达庙门，庙身为矩形，有时也呈阶台塔状。庄严雄伟的整体形象，突出着一种外部关系（图10–3）。金字塔庙的设计都有一定的空间安排，在数个塔庙之间是广场，有其他祭坛或记录时间历程的石柱。这种环境反映着玛雅人对于外部世界的观念，高塔庙宇联系上苍，同广场空间相关的形体错落与周围的山峦起伏和谐；塔身和殿宇上布满雕饰，题材通常是怪兽般的神灵面孔，具有特殊的神秘感。

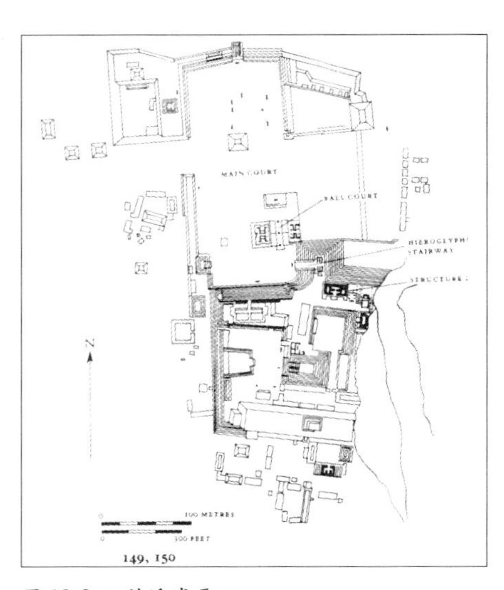

图 10-2-a 科潘城平面

图 10-2-b 科潘城中心环境

特奥蒂瓦坎是美洲古典时期最大的城市。整个城市依据宇宙方位被交叉大道分为四个部分，自中心向北形成了长达2公里的宗教仪典大道，有数座雄伟的金字塔神庙。大道沿线列有祭坛，起点旁是同雨水相关的地方守护神羽蛇神塔庙，塔体相对较小，但布满浮雕和局部圆雕，以神秘的羽蛇形象最为突出（图 10-4）。中部一侧太阳金字塔庙同仲夏中天的太阳相关并形成横轴，它体形宽阔，但5层台基各推出逐层缩小的平台夸大了塔的高耸感。主轴尽端广场以月亮塔为底，高达60余米。在其后的城市发展中，其他建筑在大道两侧陆续出现，使这里也成为城市政治和经济中心，但遗迹显示世俗建筑尺度远远小于宗教建筑，宗教空间序列和环境特征仍然强烈地保持着（图 10-5）。

图 10-3 玛雅人的神庙

图 10-4 特奥帝瓦坎的羽蛇金字塔庙，墙上整齐地雕有精神饱满的羽蛇和雨神头像

图 10-5 特奥帝瓦坎金字塔群

阿兹台克人相信如果不用人来祭献太阳神，世界就会被毁灭。他们的都城特诺奇蒂特兰建筑在一个湖上的许多岛屿和人工岛上，运河和堤坝把它们以及湖岸联系在一起，中心也是仪典性广场（图 10-6）。广场上的神庙与玛雅人的类似，但形体更高耸，无数的人牺牲在高大阶台上的神庙前。

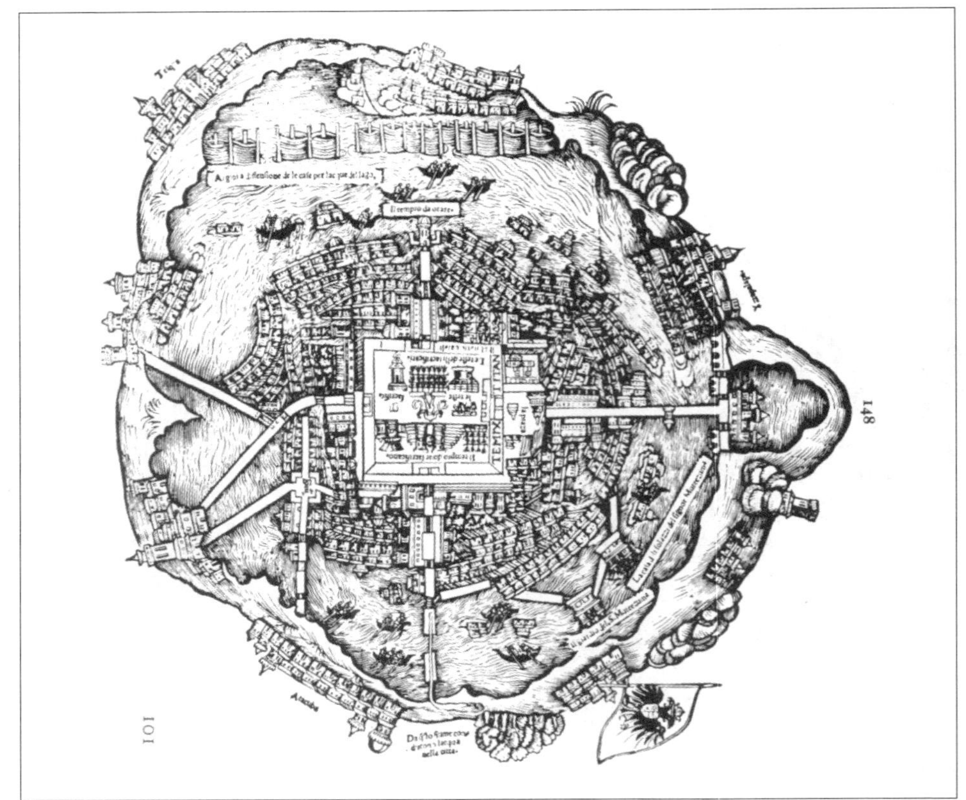

图 10-6 特诺奇蒂特兰城市平面

图 10-7-a 马丘比丘遗址（一）

南美的印加人也崇拜太阳，视国王为太阳的化身，同时由于生活在险峻的安第斯山间，也崇拜高山体现的自然力。在一度很发达的印加城市中，特定的宗教建筑环境不很明显，建造活动中更多地显示建筑群落与自然环境的联系。低地的印加城市用泥砖构筑，在平坦的地势上多用方形来组合各种单元，时而又依地形因地制宜排列，规则中带有相当的灵活性。在山地上，地形则起着决定性的作用。马丘比丘是著名的印加城堡，层层台地建筑沿着山坡展开，随地形起伏，气势非凡（图 10-7）。

图 10-7-b 马丘比丘遗址（二）

复习思考题：

举例说明美洲的环境艺术怎样体现出自然崇拜的主题？

第 11 章　意大利文艺复兴

经历了漫长的中世纪封建社会，14～16 世纪的文艺复兴运动，是一场反映欧洲资本主义萌芽时期思想解放的文化艺术变革，最早产生于意大利。中世纪后期，意大利虽然还处于封建分裂中，但因处在东西方商路的要冲上，产生了许多富庶的工商城市，资本主义生产关系萌芽，代表新兴阶级意识的“人文主义”精神迅速发育。人文主义主张摆脱教会对人们思想的束缚，重视人的自由意志和占有现实世界的优越地位，以人为衡量世间一切的标准。以此为目的，文艺复兴的先进人物努力去发现和借助古代希腊和罗马的古典思想和文化艺术成就。文艺复兴一词的原意即是“再生”——古希腊、罗马文化的再现。在环境艺术中，除了古典建筑、雕塑和绘画的一般特征得到弘扬外，艺术家们更深入地探讨了数学、音乐与人体比例的关系，在试图发现世界存在的普适性完美形式的时候，进一步确立了以人体美为均衡的形式典范的观念。伴随这种观念，以及欧几里得几何学和三维透视学在建筑与环境设计中的广泛应用，阿尔伯蒂、伯拉孟特、帕拉第奥、米开朗琪罗等人以圆形、正方形、黄金分割的矩形为原型进行了大量单体建筑、城市广场、理想城市设计，产生了几何整体性明确、集中感强的形体与空间环境构图，反映着理性的人类场所精神，在欧洲产生了广泛的影响（图 11–1）。

15 世纪意大利北部以佛罗伦萨为中心的文化变革被称为早期文艺复兴，其标志性建筑作品是伯鲁乃列斯基设计建造的佛罗伦萨大教堂穹顶（图 11–2）。他成

图 11-1　1540 年建于法、德边界的法国新镇 Virty-le-Francois

图 11-2 佛罗伦萨大教堂远景

图 11-3 美狄奇府邸沿街立面

功地综合了古罗马与哥特建筑的工程技术与古典美学原则，八瓣形穹顶建在长长的教堂大厅尽端，以前所未有的高度和体量感成为佛罗伦萨市民心理和视觉中的城市中心。早期文艺复兴的建筑大多体现为一种古典艺术同中世纪艺术的结合，主要是整体比例的古典化，但许多细节还留有中世纪特点。如美狄奇府邸，沿街立面是屏风式，水平向的三层墙面划分和檐部呈现柱式比例特征，但墙体呈现城堡建筑常见的石工，窗洞具有中世纪拱形的特征（图 11–3），文特拉米尼府邸则把古典式柱子、檐部和其间的哥特式尖拱结合到一起。

新文化在16世纪以罗马为中心的继续发展是所谓盛期文艺复兴，伯拉孟特设计的坦比哀多小教堂体现着形式风格的进一步转折。建筑立面完全古典化，柱式严谨，圆形平面配以鼓座、穹顶，造成浑然一体的强烈体积感。它高耸的穹顶统率整体的集中式型体成为中世纪以来西欧建筑的一大创新，对后来的古典式建筑发展有重要影响。盛期文艺复兴的最重要代表作是罗马圣彼得大教堂，集中式平面方圆结合，主要内部空间为十字形，天穹般的穹顶跨度近 42 米，覆盖其中心，实现了文艺复兴时代对于完美几何空间的追求。其外部形体完整集中，高高矗立在广场尽端，成为当之无愧的时代纪念碑（图 11–4）。这种注重方圆关系，追求极端形式完美的倾向也渗透到世俗建筑中。位于维琴察郊外的圆厅别墅，中央是穹顶覆盖的圆厅，外轮廓为方形，四向严格对称，各有一个古典式门廊，在空旷的原野当中显现出雄壮紧凑的体量（图 11–5）。

图 11-4-a 罗马圣彼得大教堂内部空间

图 11-4-b 罗马圣彼得大教堂正立面

图 11-5 维琴察郊外的圆厅别墅

图 11-6 卡比多山市政广场

盛期文艺复兴的大量建筑不一定是穹顶统帅的集中式，但多采用了严谨的古典柱式构图。许多教堂立面采用了山花、壁柱；圣马可图书馆、维琴察巴西利卡等公共建筑立面有罗马式券柱构图的开敞拱廊；多数宫殿府邸外立面虽然没有柱列，但内部矩形庭院被柱式拱廊环绕，外墙面按柱式比例划分，有古典式檐部和门窗线脚。这些建筑屋顶坡度平缓，出挑的檐口或升起的女儿墙以水平线遮挡着投向屋顶坡面的视线。

随着文艺复兴建筑的发展，中世纪以来的城市环境风貌逐渐改变了。大教堂的圆穹顶成为天际线的主导，高大的身姿给人的感觉不再是向天国升腾，而是稳健地屹立于大地。在街道中，形体方正的建筑相互衔接，取代了中世纪凹凸不平的街道界面和高低错落的天际轮廓，规整的门窗、壁柱列和柱廊带来横向连续的节奏。

城市广场也一反中世纪随机形成的不规则的形态，而是精心设计，趋于严整，突出中央轴线。在重要的广场中心设雕像或喷泉，周围建筑底层常有开敞的柱廊，同广场产生明显的一体感。米开朗琪罗设计的卡比多山市政广场典型地反映了文艺复兴盛期广场的特征，体现着古典建筑和规则严整几何环境的庄重。它位于罗马城内的卡比多岗上，平面是对称的梯形，正面对山坡下绿地开敞并收入城市远景，中心和阶梯栏杆上矗立着雕像。广场其他三面由古典式建筑物围合，轴线尽端为元老院，两侧的档案馆、博物馆在梯形斜边上向元老院张开，在视觉上使它被前推。再加上三层的元老院一层建成基座式，上两层采用巨柱构图，而两侧建筑的巨柱平地而起，且形成底层柱廊，主体建筑显得比实际更为高大雄伟（图 11–6）。

文艺复兴时期的城市建设常同历史上形成的建筑形成奇妙的环境组合。建于中世纪的佛罗伦萨市政广场原较为封闭，16世纪后半叶，新开辟的乌菲兹大街一

图 11-8-a 圣马可广场沿海立面

图 11-8-b 圣马可教堂正面广场

图 11-8-c 圣马可广场鸟瞰

图 11-9 圣马可广场隔海对景——圣乔治教堂

图 11-7-a 乌菲兹廊

直通到阿诺河边，两侧底层为柱廊的乌菲兹宫以河岸为底景形成骑楼，把河流、市政厅与广场、雕像，以及远处的教堂穹顶连成一条自然与人为结合、中世纪与文艺复兴景象交织的视线走廊（图 11–7）。素有“欧洲最美丽的客厅”之称的威尼斯圣马可广场是文艺复兴时期最后完成的杰作之一（图11–8）。广场平面呈曲尺形，由大小两个梯形广场组合形成，四

图 11-7-b 乌菲兹廊沿河立面

周建筑如拜占庭留下的圣马可大教堂、哥特式的总督府和钟塔、文艺复兴式的图书馆与四周新旧市政大厦虽经几个世纪陆续建成，但在风格差异中形成空间的和谐。建筑底层均有柱廊，以发券为基本母题，形成通透的界面。大广场以华丽教堂为底景，向它张开的两侧建筑增加了广场面对教堂的开阔感；与之相垂直的小广场直接朝向海湾，在总督府和图书馆间，对面岛上的圣乔治教堂成为理想的对景（图 11–9）；两个广场之间以钟塔为过渡，增加了空间的层次，并成为人们从海湾观看时的视觉引导。

人文主义精神使人们突破了宗教的桎梏，重新开始享受自己生存的现实世界，自然美的意识也随之突出出来，著名的文艺复兴先驱但丁和佩脱拉克都曾为欣赏自然而登山远眺。对自然美景的体验唤起了人类本性中的田园情趣，加上对古罗马别墅生活的逐渐了解所产生的强烈共鸣，首先在风景如画的佛罗伦萨郊外兴起了兴建别墅园林的热潮，进而扩大到意大利各地，园林植被的种类和空间关系的复杂都超过以前的时代（图 11–10）。

在意大利文艺复兴园林创造中，虽然自然要素成为重要的环境构成者和欣赏对

象，以人为中心的世界观和突出理性规则的艺术观还是强烈地体现出来。造园家们吸收了古罗马别墅园林的设计手法，并在此基础上，进一步地以理性的人工规范，使园林体现出同建筑美一致的景观造型特征，力求使大自然服从人的意志。别墅园常常以方正的古典建筑为一端，以建筑正向中轴的延伸为园林主轴，采用规则对称的格局，把自然起伏的坡地改造成层层跌落的台地。修剪成形的树木，几何图案的渠池、植坛，以及直线或弧线的台阶、园路、矮墙在主轴上串联或对称呼应，水平开阖和高低错落都讲求精致的人为艺术构图，使各个局部联合构成完整的整体图形。整个花园一般不大，观赏者位于建筑前的平台上能一览无余地看清花园整体，体验人类作为主宰者的感觉。尽管如此，置身园中时，高大乔木在园路上形成的绿荫，花坛草皮铺开的丰富色彩，灌木形成绿篱的半遮半掩，泉池顺坡跌落的水花声响，以及时隐时现的一处处白色雕像，仍令人感受到园林艺术特有的美。这种园林的代表作如兰特庄园（图11-11）。全园严格对称，依地势由山坡引水，沿纵向中轴形成跌落中的一串喷泉、瀑布、激流等水景，结合多变的阶梯及坡道，丰富多彩，将四个台地层完整地贯穿起来。最下面的台地层采用阿尔伯蒂设想的正方形理想庭园形式，等分为16方格，中央4格象征海洋的水池是全园水的归宿。建筑在这里分居两侧，形成园林的横轴，并以此突出了纵轴景观，并充分地发挥出水流自高向低激荡而下的效果。

从15世纪中期开始，意大利文艺复兴文化逐渐向其他国家传播，在其后几个世纪形成欧洲建筑与环境艺术中的尚古倾向。

复习思考题：

1. 文艺复兴时期典型的空间环境具有哪些特征？
2. 文艺复兴时期的城市景观特征较中世纪有哪些重要改变？
3. 试结合文艺复兴时期其他著名园林实例，总结意大利文艺复兴造园的手法。

图11-10 佛罗伦萨郊外别墅风光

图11-11 兰特庄园鸟瞰

第12章　17、18世纪的欧洲

16世纪以后，在封建社会之后的新君主集权政治同资本主义经济萌芽的结合中，欧洲各国大都接受了意大利文艺复兴的影响，古典建筑与环境艺术普遍流行。17至18世纪，一些特定历史背景下的变异出现了，其中最有影响力的是产生于意大利的巴洛克艺术与产生于法国的古典主义艺术。同时，自然式风景园林在英国的产生和传播，更带来欧洲园林环境艺术领域的巨大变革。

12.1　巴洛克

图 12-1-1-a 巴洛克风格的天顶画

图 12-1-1-b 1720年，奥地利 Stadl Paura 教堂的天顶画

由于法国、英国、西班牙等大国的兴起以及新航路的开辟，意大利城市在欧洲经济文化中的地位降低，只有罗马因为是教廷所在而继续维持着繁荣。力图恢复其精神统治地位的罗马教廷享受和利用着文艺复兴带来的艺术成就，思想上却趋于守旧。在这种气氛下，艺术家或为了宗教的目的，或为了单纯的形式创新，不再满足于文艺复兴的理性，开始尝试破除一切既有的法则，让奇妙的想像和无节制的冲动在创作中起主导作用，造就了所谓巴洛克艺术风格，并大面积地传播到整个欧洲。巴洛克原意为畸形的珍珠，反映出当时人们对它矛盾的价值评判。

建筑环境创造中的巴洛克艺术利用多变的形体和色彩突出欢乐、激荡的情绪。首先见于教堂，如罗马耶稣会教堂、圣卡罗教堂等。巴洛克建筑抛弃了规整的矩形、方形和圆形等静态形式，代之以各种弧形关系，特别是数个椭圆的衔接，产生S形的曲线，造就波浪般的柱列或墙面，加上大量壁龛，使空间多变而富于动态。进而又打破建筑、雕刻和绘画的界限，以大量装饰带来虚幻的空间感。在其内部，纷杂的圆雕、浮雕摆脱了对建筑结构逻辑的从属关系，飞翔的天使，飘逸的卷草到处掩饰着真实的结构；大面积的壁画、天顶画与之呼应，色彩斑斓，并常以强烈的透视效果造就与建筑空间相连的场景画面，让人难辨真伪（图12-1-1）。外立面虽然仍运用文艺复兴以来常见的柱式，但除随平面的曲线呈波浪起伏外，柱子和壁柱常成组组合，山花可断开、呈弧形或叠加，开间以不等分的节奏跳跃，打破规则的颇多变化提供了新奇活泼的城市环境空间界面。楼梯也被设计师用来获取夸张的空间感受，梵蒂冈教皇接待厅前的大阶梯，伴着拱廊呈近大远小的梯形，有效地运用了透视原理和光影变化来增加空间的深远与神秘感。

17世纪，利用建筑和雕塑进行城市设计的意识更加明确。受巴洛克艺术风格的影响，广场、街道、建筑和雕塑设计有了更密切的的互动关系，常构成富于幻想的、欢快的整体环境氛围。罗马纳沃那广场与两端主要街道相连，平面呈长圆形，一个长边上伫立着教堂，立面体形弯曲，同广场形状配合默契；广场中央两座以河神雕像为主题的喷泉水池，形象动感强烈。联系数条小街的翠微喷泉广场为多边型，为了广场需要把底景建筑中段建成罗马凯旋门状；在巨大的拱形壁龛和海神雕像前筑有泉池，水流喷涌在海神脚下，仿佛是自然形成的池岸（图 12-1-2）。

图 12-1-2　翠微喷泉

以教堂等大型建筑为轴线底景，运用对称的椭圆平面和放射形图案的铺地，中央设置雕塑、喷泉，更是大型巴洛克式城市外部空间的典型。伯尼尼设计的圣彼得大教堂广场是这一时期最重要的广场。它由横置的椭圆和梯形连接组成，面对教堂巨大的门廊，两侧柱廊限定着广场空间边界；椭圆形中心为方尖碑，其两侧沿长轴各设一喷泉，应和着广场的几何形状；整个广场地面逐渐升高，将视线引向教堂，气势恢宏（图 12-1-3）。

图 12-1-3　圣彼得大教堂广场鸟瞰

设计师封丹纳的罗马城改建是巴洛克艺术在更大范围城市环境设计中的体现，他开辟了三条放射状道路通向波波洛城门，以城门为底景，它们笔直的轴线在门为椭圆形的波波洛广场相交，交叉点上耸立着方尖碑，标示出城市主要入口的关键地位。类似的构图在这一时期被广泛运用，强调出巴洛克艺术的动感，制造出城市景观的景深效果（图 12-1-4）。

图 12-1-4　波波洛广场鸟瞰

巴洛克时期的意大利园林布局也多采用椭圆与放射的平面关系，从一个个景观节点出发，纵横线与斜线向各向延伸。除此以外，更多的园林细部体现着巴洛克艺术对奇巧、梦幻般环境的追求：花坛、水渠、喷泉等采用多变的曲线，建筑和树木的修剪造型放纵、充满雕琢，雕像形态、主题多样，嵯峨的岩石、神秘的洞穴成为重要的景观要素，还特别加入了新颖别致的机巧性水景设施，如水剧场、水风琴、惊愕喷水、秘密喷水等等，如埃斯特别墅（图 12-1-5）。

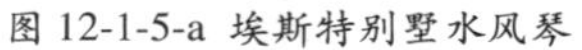

图 12-1-5-a 埃斯特别墅水风琴

图12-1-5-b 埃斯特别墅水风琴近景

阿尔多布兰迪尼别墅是有代表性的巴洛克园林之一。别墅的入口广场呈放射状布置三条林荫大道，中央的一条穿过别墅建筑中心，形成园林主轴线。别墅后的园林广场沿中轴有依山而建的水剧场，接着是山坡上的阶梯式瀑布，两侧分立带螺旋形水槽的圆柱，在广袤的栎树林间构成极富感染力的通道（图 12-1-6）。来自后山腰贮水池的水流经过水槽及水阶梯，跌落出一系列小瀑布，再注入半圆形的水剧场，奏出轰鸣的乐章。水剧场由壁柱分隔成五个壁龛，像天然岩洞，人可以进入，里面是各种水景游戏，表现了神话中的场景。中央壁龛内是肩负天穹的阿特拉斯顶天力士神像。在这里，壁龛、雕塑、喷泉、水池等精巧华丽的装饰，水的音响效果，以及周围的花草树木，组成了内容极为丰富的空间环境，是全园的最高潮。

图12-1-6 阿尔多布兰迪尼别墅中水剧场后的水阶梯，以及水槽环绕的圆柱

12.2 法国古典主义

17世纪后半叶，路易十四统治下的法国成为古罗马帝国以后欧洲最强大的君主政权，迎和着王权至上的集权秩序观念，以及以笛卡儿为代表的唯理主义哲学的发展，一般意义上的古典艺术向特定的古典主义风格发展，成了法国官方和贵族建筑环境设计的主导。与巴洛克艺术相反，法国古典主义的艺术理论认为，艺术应依据人的思维理性，而不是感官体验，具有系统可靠、严格确定的形式法则，

这种法则就是纯粹的几何结构和数学关系，结合政治目的，还要有庄重的纪念性，这种艺术也影响了欧洲其他国家。

法国古典主义在建筑与环境艺术中的集中体现为明确的纪念性几何构图，因符合数理秩序的金科玉律，并带来庄严的形象，古罗马柱式，尤其是巨柱式被大量采用。

卢佛尔宫东立面改造是古典主义建筑设计的代表作。依据严格的比例关系，它的立面在竖向上按完整的柱式三段，以整个底层为基座，支承着巨柱式柱子和它们上面的檐部与女儿墙。横向则分为五段，中央和两端各有凸出部，间以双柱柱廊。中央山花和落地拱门所统帅的整体，构图严谨对称，简洁洗练，主从分明，尺度宏伟，创造出庄重威严的形象（图 12-2-1）。这种基本几何中心与对称关系也强烈体现在平面中，强调了空间的组织和整体性。

凡尔赛市镇、宫殿和花园是大规模环境创造的典型范例，同时期一些带来壮阔感的巴洛克手法也被借鉴进来。

建于巴黎郊外的凡尔赛宫，入口广场有放射状的三条林荫大道来自巴黎方向，中央大道正对宫殿（图 12-2-2），小镇以它们为中心形成。凡尔赛宫有着非凡的尺度，为同后面的巨大花园相配合，横置于其中轴线起点上的建筑不得不多次增建延长。中心对称的宫殿两翼长长伸展，总面阔达 580 米，远远超出了人所习惯的单体体量。在一个个片断上，一组组柱列从坚实、粗琢的基座式底层上耸起，穿过雄伟的第二层和夹层到达冠以雕刻的顶层。正对花园的镜厅室内设计具有很强的纪念性和礼仪性。落地玻璃窗俯瞰着园林，景象被对面的巨大镜面所反射，窗景和镜像在这一大厅中交相辉映，充满戏剧性效果。

图 12-2-1 卢佛尔宫东立面

图 12-2-2 凡尔赛宫主立面及广场

然而最使凡尔赛闻名的还是由勒诺特亥规划设计的花园园林，他以宏大的手笔，在6000余公顷的平坦荒地上展陈了中轴鲜明、气势恢宏的“大地建筑”。花园纵向中轴线长达3公里，上面的花坛、草坪、喷泉、水渠在整齐的树列伴随下造成无限深远的透视景观，站在镜厅上眺望，视线似乎可循中轴及于遥远的地平线，壮观无比，体现出帝国的尊严和国王的荣耀（图12-2-3）。

除纵向中轴线外，花园中十字形水渠的一边被当作横轴，所有景观节点的位置都由明确的几何关系确定，联系以直线或放射形园路，比例精致娴熟，构图完整统一。水池、喷泉、花坛等都形成图案，树木修剪为矩形、尖锥或圆球。人为的几何形与数学比例在这里完全统治着自然景观要素，体现了古典主义艺术的最高价值。

事实上，凡尔赛宫已不仅仅是单纯的建筑或花园设计，而是表现出追求壮观严整的城市规划理念。园林同宫殿和向巴黎延伸的三条大道形成一体，使凡尔赛整体上更加恢宏，并为其后的城市规划所借鉴运用。

面对卢佛尔宫城市形成中轴的巴黎改建是这种规划的典型。自卢佛尔宫伸出的宏大而深远的中轴贯穿丢勒里花园，1724年更延伸到星形广场，全长3公里。这段城市主轴线的总长度以及沿路小广场等节点的布置，同凡尔赛的中轴线一一相符，主轴两侧的建筑均采用古典式立面构图，配以整齐的行道树。路易十四时期

图12-2-3 凡尔赛宫花园轴线全景

形成的城市主轴基本奠定了巴黎富于特殊魅力的城市风貌，其影响更远布欧洲其他国家及其殖民地。

图 12-2-4 旺道姆广场

在古典主义风格的影响下，城市及广场都追求整齐划一的规划，形成有鲜明秩序的城市环境。依据古典建筑比例，中世纪形态多样的房屋被改造为整齐一色的砖石联排建筑，同更庄严的教堂、市政厅和贵族府邸等建筑一起，共同形成完整的广场和街道景观界面。广场则多采用严整的几何形平面，一时间，方形、圆形、三角形、八边形，形状各异的广场星罗棋布，满布巴黎。其中较有代表性的是旺道姆广场（图 12-2-4），其平面为抹角的矩形，周围是一色的三层古典建筑，底层为券柱廊，建筑高度与广场大小有着良好的比例关系。广场中心为路易十四骑马铜像，两侧建筑的中央和四角作山花，轮廓上略有起伏，进一步标明了广场的轴线，突出了中心。这种主从关系明确、追求和谐统一与有条不紊的风格是古典主义时期广场的一大特色。

12.3　自然风景式园林

在文艺复兴和古典主义园林大盛一时之后，17 世纪后期，欧洲最早在英国产生了一种全新的自然式风景园林，改变了西方园林艺术长达千余年的基本特征，影响一直及于近现代。

这种园林首先产生于英国，有着它特定的自然条件和历史背景。英国的地形丘陵起伏，大量的牧场和猎场使得英国有多彩的乡村景观风貌，更为重要的是，哲学中的经验主义和政治经济领域的进一步革命带来了新的艺术和生活追求。在唯理主义盛行法国并主宰欧洲大陆时，以培根和洛克为代表的英国经验哲学突出肯定了感官经验在认识世界中的价值，客观事物在感官中呈现的自然美因而在艺术中有了较高的地位。其次，17 世纪中叶英国发生了欧洲大国中最早的资产阶级革命，反对君权至上的启蒙意识动摇了古典主义艺术的政治思想基础。工业革命前后的资本主义经济发展，使大城市生活日益繁忙混乱，更进一步使乡村式的自然环境令人向往。

18世纪中叶，欧洲其他国家也相继开始了资产阶级革命的历程，思想领域体现为影响广泛的启蒙运动。在推进民主政治的同时，启蒙思想家主张“人性自由”、“回归自然”，以凡尔赛为代表的几何式园林被看作专制的象征，出自英国的自然式园林则因象征着自由而得到大力提倡。紧接着启蒙运动，伴随着工业革命而产生的浪漫主义文化，这场造园艺术变革迅速波及欧洲各国，并影响了它们在海外的殖民地。

值得指出的是，这一时期自然式园林在英国以至欧洲的出现，同中国的影响有密切的联系。随着宗教传播、贸易和对外扩张，西方人对中国的了解在 17 世纪后日益增加。频繁的传教士书简、著作和货品向欧洲传输着中国文化，许多启蒙思想家还把理想化的中国政治、伦理当作社会与思想变革的借鉴对象，形成了社会上的“中国热”。中国传统园林艺术的自然多姿为习惯了几何规则的西方人所惊羡，进而参照，甚至模仿。鉴于英国自然式园林的许多特征同中国园林的关系，使它们在广泛传播中时常被称为“英中式园林”。

在英国，早在17世纪初，经验哲学家培根就在其《论花园》中提出：园林的一些部分不宜过分雕琢，要有较直接的自然“粗犷”的景观，其后有许多著名文人、艺术家，甚至政治家的著作推动了自然式园林意识的发展。如坦伯尔爵士的《论伊璧鸠鲁的花园》(1685年)有章节专门介绍中国园林，认为中国园林的最大成就在于形成了一种悦目的风景，创造出难以掌握的不对称的均衡美；诗人蒲柏的《绿色雕塑》一文，对植物造型进行了深刻的批评。在他们的影响下，凡布娄和布里奇曼启动了新的实践，接着有肯特、布朗、钱伯斯等人的进一步发展。

在法国影响下英国的园林曾经也是围墙内几何式的花园，走向自然的最初一种变化是抛弃了花园围墙，把它同周围的自然林地连成一片，将自然景观引入了“庭院”。这种作法带来了园林观念的根本改变，花园不再是从属于建筑的人为艺术王国，其景观环境可以延伸到更深远的自然中。尽管并不是所有的园林都是这样，但以后的园林在“自然喜欢曲线”这一口号下逐渐不再是几何式的了(图12-3-1)。

图12-3-1 典型英国自然风景园画面

布朗是18世纪英国造园权威之一，被称为“能人布朗”。在适逢圈地运动结束，新的农业和畜牧业结构带来大规模国土改造的条件下，布朗的影响超过了以前任何一位造园家，他彻底肃清了几何式的园路设置、树木修剪、花坛配置，消弥了建筑近旁花园跟周围林园的区别，充分利用自然地形起伏，造就了宏大、悠远的自然式园林风格(图12-3-2)。成片的树丛或种在园中缓坡上，或做起遮挡

图12-3-2-a 布朗改建的伯利园

图12-3-2-b 布朗早期作品——派特渥斯花园水景

作用的边界，以广阔的草地为画布，留下大笔触色块；水流被引入或梳理，通过修筑闸坝控制水位，在园地中心形成舒展的湖泊。最有特色的是，他追求极度的纯净自然，在目力所及范围内，许多时候不允许建筑干扰，维护一种平缓起伏的悠远旷野趣味，这种环境构成了英国自然式园林的地形植被景观基础，然而有些矫枉过正，在尽可能不留下人为痕迹的时候，显得过分空旷平淡，被认为不能引起情感的激动，无法获得诗情画意，因此受到另一些人的批判。

此类园林最鲜明的反对者是钱伯斯。作为在欧洲传播中国造园艺术最有影响力的人之一，他以中国园林艺术为榜样，提倡“艺术加工”，虽仿效自然，却并不一概排除人为环境意象。在钱伯斯等人的倡导下，英国园林更多借鉴了中国造园的处理方式，有了奇异的叠石假山，水泊堤岸更加弯曲，道路更加蜿蜒，植物品种色彩搭配更加讲究，并加入了亭、桥、塔、榭等小品建筑。钱伯斯最有代表性的作品是丘园，除廊桥、假山外还有许多异国建筑，仿自南京大报恩寺琉璃塔的中国式塔至今仍存（图 12-3-3）。沈斯东经营的李骚斯园范围不大，大体呈环状的游览线上设 40 景，有石碑、石凳、瓮等，并有题铭，内容是诗、箴言或古谚，点出景观的灵魂，受中国造园影响的特征显而易见。钱伯斯等人的园林为自然式景观环境增加了内容，但也有人批判他过分雕琢，狭义的英中式园林，应指这类园林。

上述两种园林艺术趋向在大多数时候的融合，应是一般英国的自然式园林的特点，通常被称为画境式，主张造园要向绘画学习，突出感情色彩和浪漫情调。除了自己时代的建筑小品与雕塑外，仿建的古代神庙废墟、中世纪城堡残垣，以及荒坟断碣等，因能创造伤感的怀古幽情而出现，茅屋、山洞、村舍和瀑布也是常用的题材。这些人为景观不像中国园林建筑那样密集，点缀在湖心小岛、小径侧旁、草坡尽端或浓荫深处。斯陀海德园是成熟的英国自然式园林的突出代表之一，其园路环湖曲折布置，沿路设有亭、桥、洞窟及雕像等景致，在看似随机的树木、草皮、水面映衬下，它们位于一个个视线焦点上，互为对景（图 12-3-4）。

在欧洲其他地区借鉴英国造园艺术的同时，对中国园林的了解也越来越多地体现出来。“英中式园林”这一称谓客观真实地表达了中国文化在此时的广泛影响。在新的园林里，经常有类似中国园林的景观布局。假山、叠石模仿自然形态，园路和河流迂回曲折穿行于小岗和树丛间；湖泊形状自由，驳岸处理成土坡、草丛，间以天然石块；塔、桥、亭、阁之类的建筑物点缀其中（图 12-3-5）。

法国的小特里阿农王后花园带有浓厚的田园色彩，引入了类似中国的叠石理水，其中的村落式小景是全园的中心，尤其引人注目（图 12-3-6）。埃麦农维勒林园地形变化丰富，景物对比强烈，有河流、牧场、丛林、丘陵砂场和林木覆盖的山岗等各种自然地形地貌景观。园路布置巧妙，从每一个转折处都可观赏到河流景观，步移景异。园林各处立着纪念碑，记载了蒙泰尼、牛顿、笛卡儿、伏尔

图 12-3-3　丘园内的中国塔，为该园主要景点，是 18 世纪后期风靡欧洲的中国热潮中建造的富有代表性的作品

图 12-3-4　斯陀海德园湖岸景色

图 12-3-5 小特里阿农王后花园中的观景台

图 12-3-6 小特里阿农王后花园中的小村庄

泰、孟德斯鸠等人的生平事迹，为园林带来强烈的浪漫情调。

18 世纪法国宫廷正流行着洛可可装饰艺术风格。它喜好新颖奇特，注重具有自然特征的细腻装饰，如枝叶、浪花、贝壳般的浮雕与图案，并对异国情调抱有浓厚兴趣，尤其是中国式或中国情调的家具、日用品及建筑装饰细节大量流行，遂可称为中国风。一时间，中国情调成为一种时尚，并成为园林环境追求的一部分。

真正从整体上模仿中国园林叠山理水置景的工巧匠意，在当时仍较为困难，因此，18世纪下半叶的中国式园林，普遍以建造一些中国式的小建筑物为突出特征。只要有了一幢中国式亭阁，就可以称为中国式，而没有的，就不敢以入时自居（图 12–3–7）。各种小建筑物里，以塔最受欢迎。商代鲁普府邸的塔，石质、八角，七层，高36.6米，底层一圈16棵柱子的外廊，很像北京香山的琉璃塔，但细部是古典柱式的（图 12–3–8）。

图 12-3-7 雷普顿为布莱顿凉亭所做的改建前后对比图，从中可见中国风的影响

自然式园林对德国影响同样巨大，同英国一样，诗人与文学家成为新型园林的倡导者。诗人哈格德隆疾呼“尊重自然，远离人工”，认为田园般的牧场和充满野趣的森林更加动人心弦。哲学家苏尔在《美术概论》中指出：造园是从大自然中直接派生出的东西，大自然本身就是最完美无缺的造园家。英中式园林成为迎合这一思潮的最佳典范，中国时尚在此体现强烈。

图 12-3-8 商代鲁普府邸的中国式塔

卡塞尔的威廉阜花园，是德国最大的自然式园林之一。1781 年，在它南部面水傍山的地方，造了一所中国式农舍组成的村落——“木兰村”，中央有一座圆形重檐小庙，小河上跨越着中国木桥，基本布局参照钱伯斯的做法。歌德也是中国园林和建筑的热情爱好者。按俾斯麦所说，他在魏玛的园林“是一所根据中国艺术精神的最宏伟的中国式风景园林”。歌德亲自过问了其规划，对设计和装饰提出建议。其园内隐居庐屋是中国式的，周围还有中国式的假山。风气所及，日耳曼的大小的园林里，充满了中国式的建筑，如奥朗宁波姆花园砖塔，慕尼黑英国园木塔，以及波茨坦长乐宫茶亭等（图 12-3-9）。

图12-3-9 腓特烈大帝所建的菠茨坦长乐宫中国式茶亭

在欧洲其他国家，英中式园林也风行一时。瑞典斯德哥尔摩附近的德洛特宁霍尔姆花园、海迦花园的设计师立意把“柔和与丰满、变幻与画境加入到景致里去”。园内河渠交织，水景丰富。海迦花园有一座中国式塔，隐现于果木林中。俄罗斯沙皇叶卡琳娜二世在圣彼得堡郊外的沙皇村园林，较大规模的自然风致式景观中有中国式的建筑，如拱桥和曲面屋顶的亭子等。

复习思考题：

1.什么是巴洛克风格？它在园林景观当中有怎样的体现？

2.什么是“英中式园林”？结合时代背景和园林景观特征说明“英中式园林”得名的原因？

3.分析比较意大利文艺复兴时期、法国古典主义、英国自然风景园造园特征的异同。

第 13 章　工业化时代初期的欧美

17 世纪以后欧洲各国相继发生了资产阶级革命，18 世纪后期至 19 世纪，广泛的工业革命又席卷欧洲。近代资本主义大工业生产迅速发展，城市人口大量增加，大城市规模急速膨胀，带来了许多环境问题，对城市建设提出了新的要求。这一时期多数建筑师一时难以摆脱传统风格的束缚，艺术追求与技术进步常常脱节，使建筑风格一度延续着文艺复兴后的尚古传统。但是，新材料的运用、工程技术的不断进步催生了更广阔的道路、运河桥梁和供水工程，与城市的扩建、改建与绿化结合在一起，在许多地方改变了中世纪以来的城市面貌。19 世纪后期，结合工业化的新建筑形式探索也相继出现。

13.1　古典复兴、哥特复兴、折中主义与金属结构

在巴洛克的放纵、古典主义的僵化后，随着启蒙运动、资产阶级革命的发展和近代考古热，对古代建筑形式的重新评价与模仿成了建筑师的主要兴趣，在18 世纪中后期出现了所谓“古典复兴”或“新古典主义”建筑思潮。某种程度上，古典复兴主张艺术应当灌输新的公民意识，通过对古代的形式的运用，唤醒希腊和罗马的雅致与崇高。古典复兴式的建筑雄伟壮丽，富有纪念性，常成为城市环境当中具有重要意义的结点，在法国尤为典型，例如巴黎万神庙和星形广场上的雄师凯旋门（图 13–1）。

图 13-1 巴黎万神庙

同一时期，哥特式作为一种张扬艺术个性、体现民族精神的形式，在英国、德国广为流行。哥特风格的塔楼、小尖塔、木雕、遮阳拱顶、彩色玻璃等等大大活跃了城市景观，最著名的是英国新建的国会大厦。在英国的独立式小住宅中，建筑师综合运用哥特风格的不同片断，产生“画境式”的景观，颇富创造性，解决了长期以来古典建筑的纯正几何形与自然风致园的风格矛盾，为后来欧美的先锋艺术探索播下了种子。

19 世纪末，在更为商业化的社会环境中，建筑师不满足于古典与哥特两种风格的选择，他们挖掘艺术史中的各个角落，寻求新的艺术灵感和形式组合，于是，希腊、罗马、中世纪、拜占庭、文艺复兴，以及各种异国情调，历史上曾经出现过的种种风格在这时的

城市当中杂然并存、同台竞技。各个单体或以纯正的不同风格分立于城市，或自身就是奇妙的不同片断组合，这就是“折中主义”。折中主义仍然依赖历史传统，但客观上在不同形式风格的互融当中产生了丰富多彩的新形式，直到20世纪初仍然盛行，影响深刻。典型的折中主义建筑如巴黎圣心教堂，模仿拜占庭风格（图13–2）；罗马的爱麦虞限二世纪念碑，把古希腊和巴洛克艺术结合在一起。

图 13-2 巴黎圣心教堂

19世纪，冶金业快速发展，铁结构技术突出出来，在许多建筑中得到运用。但多数建筑仍在这种结构外覆以复古的砖石形式外皮，或在铁梁柱上牵强地做出传统线脚纹样。不过，在结构工程师的努力和建筑功能规模的改变下，铁结构还是逐渐被直白地表现出来，如拱廊街、火车站，铁拱架常暴露横跨于屋顶之下。一些超大规模的展览建筑更通体显示铁结构的新颖，如1851年伦敦世界博览会的水晶宫，铁构架配玻璃的巨大光洁形象令人震惊（图13–3）。1889年巴黎世界博览会的埃菲尔铁塔，后来成为巴黎的重要标志。这类建筑突出地点缀在传统形式的砖石建筑间，也成为19世纪城市环境的一大特征。

图 13-3 伦敦水晶宫

13.2　巴黎奥斯曼改建

1853至1870年间，在奥斯曼主持下，巴黎进行了大规模的城市改建。虽有文艺复兴以来的不断发展，改建前的巴黎多数地段仍基本保持着中世纪的面貌，街道狭窄曲折、住房破旧肮脏、卫生条件极差。

改建工程突出了南北和东西方向的两条主轴线，东西主轴线将原有的星形广场—爱丽舍大道—协和广场—丢勒里花园—卢佛尔宫的城市主轴又向东延伸，直至圣安东区；南北轴线是新建的林荫大道，横跨塞纳河，这一大十字干道分别联系了南北方的铁路终点站，并由两个环形林荫道环绕，构成巴黎重要道路系统

（图 13-4）。城市的交通枢纽形成突出的环境景观节点，如星形广场，平面为圆形，雄师凯旋门屹立中央，十二条大道辐辏而来；塞纳河边的协和广场，中央为方尖碑，与四个方位不同的纪念性建筑彼此呼应，控制着巴黎中心区的国都风貌。

巴黎街道的改造也影响了沿街建筑，它们的平面布局趋于标准化，立面以古典复兴以来的形式为主导，协调统一，同时也出现了标准的街道设施，如公厕、座椅、报亭、灯柱、时钟及道路标记等。改建重视绿化建设，除大量宽阔的林荫大道外，在原皇家森林基础上，模仿英国林苑，在爱丽舍大道旁修建了布洛涅林园，成为首都最优雅生活的中心。改建后的巴黎十字、放射与环路构图规整而活泼，街道宽阔、环境敞亮，生机勃勃，景观壮丽，被誉为最美丽的近代化的城市，为欧洲其他国家纷纷效仿。

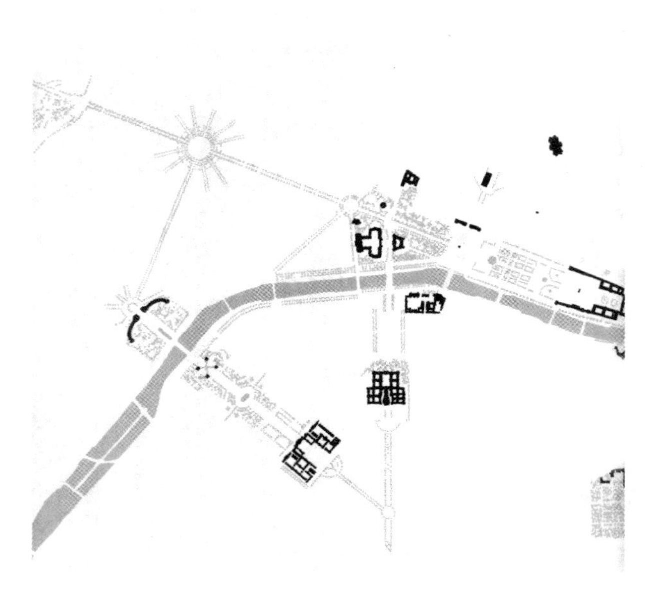

图 13-4-a 巴黎城市轴线

图 13-4-b 城市轴线上的协和广场

13.3 英国公园运动

18 世纪末到 19 世纪初，注重城市绿化的英国自然风景造园家雷普顿试图把乡村的风景引入城市，改变城市中以街道和连续的建筑围合点状广场、绿地的单一面貌。他引发的变革被称为“英国公园运动”，为伦敦带来了鲜明变化。

雷普顿与建筑师纳什合作设计的伦敦摄政公园成功地实现了这一意图，方案体现着英中式园林的特征，设置了沿池岸步移景异、绿树成荫的园路，为划船而设的大水池，还有用来举行比赛、集会的宽阔草地，开城市公园先河（图 13-5）。不久，伦敦市区更多的皇家园林向平民开放，经整理改造后成为城市公园。圣詹姆斯公园原本体现法国古典主义特征的长水渠被改造成有着波形池岸线的自然式水池，岸边绿草如茵，孤植树与树丛配置错落有致，一派牧场风光，与法国流行的柱列般的林荫大道的规则景观体现着完全不同的趣味。又如肯辛顿园、海德公园，它们几乎连成一片，占据着市区中心最重要的地段，为日后美国纽约中央公园的建设埋下了伏笔。在"公园运动"的影响下，城市公园周围联立式住宅的风貌也大大改观，带有不规则的"画境式"特征。

正是在英国的影响下，法国、德国都出现了具有英中式风景园的旨趣的城市公园，形成一种新的潮流。如法国巴黎的苏蒙山丘公园，具有丘陵性的地貌特征，富有浓郁的浪漫色彩，是杰出的风景公园（图 13-6）。

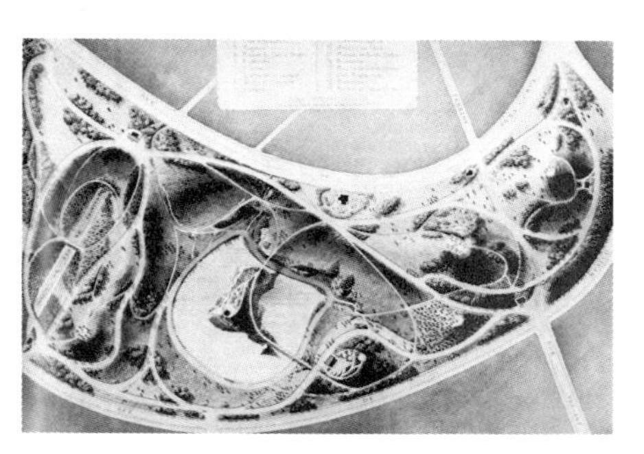

图 13-6-a 苏蒙公园平面

图 13-5 摄政公园鸟瞰

图 13-6-b 苏蒙公园的中国式假山及山峰上的圆亭

13.4　美国的城市与公园

美国殖民地时期的建筑形式来自移民的本土，特别是英国，建国后则一度把古典复兴、折中主义风格用于重要建筑，如国会大厦等。在新的开拓中，美国城镇组织方式形成了自身的传统。以棋盘格式道路系统为基础的规划因便于丈量、利于实施等特点，在全国的新城市建设中大量应用，例如费城、纽约等，纵横道路间形成一个个不大的街区，建筑也多规整密集。地形起伏的旧金山也生搬硬套地采用这种布局，给城市交通与建筑设计带来很多不便。这种城市规划结构最初往往没有特别考虑广场绿地，纽约市内后建中央公园的惟一空地原本也是为军事检阅而设。

首都华盛顿是少数经过特意精心规划设计的城市之一，由法国人朗方主持。他在美国的棋盘格城市系统中，引入了界定空间单元的巴洛克概念，同时充分而敏锐地分析了波托马克河流域的自然生态特点和条件，成功地带来生动而富于纪念性的城市景观环境。

华盛顿中心区由3.5公里长的东西轴线和南北轴线构成，国会大厦位于东西轴线东端30米高的高地（国会山）上，轴线西端是林肯纪念堂。南北轴线两端分别是杰弗逊纪念堂和白宫，两条轴线的交点耸立着华盛顿纪念碑，是轴线相交的恰当而必要的空间定位和分隔。纪念碑西边与林肯纪念堂之间有一矩形水池，映射着纪念碑和纪念堂的倒影，加强了中心区的空间环境效果（图13–7）。同时，通向国会大厦和白宫的许多放射线形大道成对角线发散出去，切割城市的棋盘格系统，形成网状结构。中心区结合了西南方向波托马克河的自然景色，街道建筑宽阔恢宏，树木草皮舒展优美。华盛顿中心区是凡尔赛宫苑规划手法与华盛顿特定的地形地貌、河流、方位等生态要素成功结合的作品，具有划时代的意义。

图 13-7-a 林肯纪念堂

在方格网城市环境的改善中，英国的“公园运动”产生了巨大的影响。接受了雷普顿的思想与实践，美国景观设计师唐宁首先试图在美国建立起首座大型城市公园，为市民提供休憩的场所。他去世时仅完成了最初的建设，但其影响力仍使他获得了“美国公园之父”的称号。奥姆斯特德继承并发展了唐宁的思想，他推崇英国风景式造园，颇富生态思想，在城市公园和绿地建设实践方面做出开创性的贡献。他的作品遍布美国和加拿大等地，代表了这个时代造园设计发展的主流，其中最具代表性的是1854年纽约中央公园的设计。

纽约中央公园位于市中心，为一约占地850英亩的大型公园，也是美洲第一座“英中式园林”（图13–8）。它分为不同区域，有宽阔的草皮，浓密的树丛，以

图 13-7-b 华盛顿纪念碑

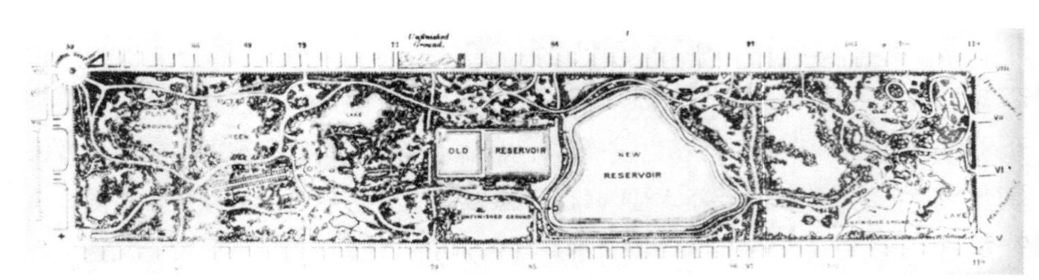

图 13-8-a 纽约中央公园平面

图 13-8-b 纽约中央公园景观

及灌木岩石汇集的幽秘之所，使市民们从紧张疲惫的大都市生活中解脱出来，重返大自然的怀抱。公园设计体现了奥姆斯特德派的如下观点：保护自然风景，根据需要进行适当的增补和夸张；除非建筑周围的环境十分有限，否则要力戒一切规则呆板的设计；开阔的草坪区要设在公园的中央地带；采用当地的乔灌木来造就特别浓郁的边界栽植；穿越较大区域的园路及其他道路要设计成曲线形的回游路；主要园路要基本上能穿过整个园区。

纽约中央公园在美国传播了城市公园的观念，随着各个城市的不断扩大，促成了许多城市区域建设绿地和公园系统，维护自然环境的运动，如波士顿的富兰克林公园、布鲁克林的普罗斯勃克特公园、芝加哥的哥伦比亚博览会园，新泽西的公园等等。

为更好保留未遭受人为破坏的自然景观，1872 年，美国第一个国家公园——黄石国家公园建成并对外开放，园中保留了大量沼泽地，维护了生态平衡，是生态主义环境艺术的先行之一。由奥姆斯特德率先在美国采用的“景观建筑”一词，在英国自然风致园概念的基础上，以建筑设计结合自然风景为要义，创建了景观建筑学概念，在近现代建筑学发展中不断完善并取得重要地位。1899 年，奥姆斯特德的两个儿子和其他九人一起，建立了美国景观建筑师协会。1900 年，第一批景观建筑学院在哈佛、马萨诸塞州立大学建立。

图 13-9 巴黎贝伦格府邸，曲线在铁制大门中的应用

13.5 走向工业化时代的建筑艺术变革

在复古思潮仍然盛行的 19 世纪 50 年代，英国的拉斯金和莫里斯等一批社会活动家和艺术家发起了工艺美术运动。他们反对古典式大型建筑的过分庄严傲慢，反对工业化生产对传统工艺和劳动、生活方式的威胁，提倡手工艺生产。在建筑中，工艺美术运动主张借鉴中世纪以来的民间传统，依据功能需要设计自由的建筑形体，表现地方材料本身的质感。这种艺术造型自然地顺应功能与材料结合的尝试，对后来的建筑运动有一定的启发。最关键的是，工艺美术运动倡导生活用品设计和建筑艺术的大众化、人民性，力图造就亲切自然的生活环境。

19世纪后期，以法国、比利时为中心，欧洲大陆发生了被泛称为新艺术运动的建筑艺术变革，它欲以装饰手段为基础来创造一种新时代的设计风格，主题是模仿源于自然界的贝壳、水漩涡、花草枝叶等曲线，加上丰富的色彩，在建筑墙面、家具、栏杆及窗棂等装饰上大量使用（图 13–9）。巴黎的许多地铁站地面入口建筑，别致的绿色铁结构曲线造型规模虽然不大，但在灰色传统建筑林立的街道上引人注目。曲线风格的城市外部环境极端地表现在西班牙天才建筑师高迪的居尔公园中，他的整个设计充满了波动的线条，节奏韵律动荡不定。围墙、长凳、柱廊和绚丽的马赛克镶嵌装饰表现出鲜明的个性，将建筑、雕塑和自然环境融为一体。金属、瓷砖、马赛克和曲线与色彩在二三十年中成为建筑与环境设计的时尚（图 13–10）。

图 13-10 巴塞罗那居尔公园

在新艺术运动影响下，奥地利出现了建筑艺术中的维也纳学派、分离派等，主张造型简洁与集中装饰。虽然大量的局部仍任线脚、花纹繁琐，但在整体设计上采用简单的直线型几何形体，使建筑形式开始走向简洁。此时，强烈反对装饰的声音也出现了，维也纳建筑师路斯提出“装饰是罪恶”，认为建筑艺术应主要体现墙面构成和窗子划分的形体和比例美，使得建筑成为基本立方体的组合，这对于 20 世纪抽象几何式的现代建筑有着重要的影响。

1907 年，在欧洲建筑发展中具有极大影响力的德意志制造联盟成立，它强调建筑设计必须和工业化相结合，达到功能、形体、结构的一致，并以工业建筑为开始发展出简洁的形体直接同结构形式一致的新建筑。例如 1909 年德国通用电气公司的透平机车间和机械车间，摒弃任何附加装饰，成为现代建筑的雏形（图 13–11）。

图 13-11 德国通用电气公司透平机制造车间

在配合建筑的园林景观设计领域，工业化时代的几何形突出出来，在一定程度上延续着欧洲古典园林的传统，但同建筑一样，不求形式主义的对称完美，而是关系的协调。德意志制造联盟倡建者穆特修斯提出：园林与建筑之间在概念上要统一，理想的园林应该是尽量再现建筑内部的“室外空间”。在德国建筑师贝伦斯

设计的达姆施塔特住宅中，园林平面从建筑的平面发展而来，采用简单的几何形状，用台阶、园路、植物、水池以及不同功能休息场地组织地段（图13-12）。

19世纪70年代，现代高层建筑首先在芝加哥出现，形成了以此为代表的芝加哥学派。芝加哥高层建筑多采用金属框架结构，并在造型上趋向简洁的形体和线条，体现出工业化的时代特征。高层建筑主要集中在市中心区一带，以美国为始，进入20世纪后，高楼林立的形象逐渐成了现代化大城市中心的标志景观。

19世纪的这些探索与变革预示着旧时代的结束和新时代的到来，工业化发达国家的建筑和环境艺术在20世纪上半叶进入以现代主义为主导的历史阶段。

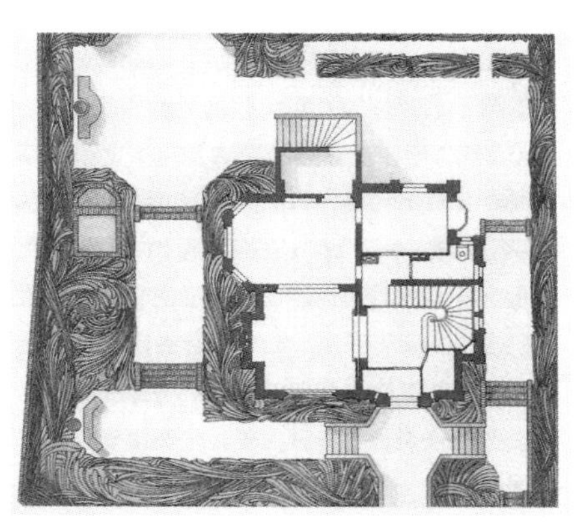

图13-12-a　贝伦斯达姆施塔特住宅和花园平面

图13-12-b　贝伦斯达姆施塔特住宅花园入口

复习思考题：

1. 纽约中央公园体现了奥姆斯特德哪些设计原则和理念？
2. 列举说明工业化时代的不同设计流派的创作特征。

第14章　现代环境艺术

20世纪初是工业化迅猛发展的时代，经过长时间的探索与实践，20世纪20年代，以科学化的理性思维著称的现代主义建筑运动出现。现代主义关注工业化生产、经济性与艺术设计的关系，以使用功能和结构性质为依据，突出简单的几何造型，为第一次世界大战后急需的欧洲城市建设做出重要贡献，在欧美形成一股强劲的潮流，其深远影响更一度在二战后全球许多国家的重建与城市发展中广泛地显现出来。20世纪50年代后期，发达国家进入相对稳定的发展时期，许多亚非殖民地国家获得独立，在经济的高涨跌落起伏与各种社会矛盾的作用下，多种价值观的共存使文化领域不同的追求凸现出来，在坚持简单几何形中显得千篇一律的现代主义建筑不再适应新的社会背景，建筑与环境艺术进入多元化时代。各种思潮从不同的角度关注艺术与技术、社会与个人、历史与现实、时代与文脉、人类与自然、文化共性与差异等，面对人类各种各样的需求，吸收人文学科领域的思想理念，形成丰富多彩的艺术风格及手段，涉及的环境形态远远超出了有限的传统概念，形成了蔚为大观的综合艺术门类。

由于现代环境艺术涉及的领域宽泛，发展过程中头绪纷繁，这里试图延续前文所遵循的脉络，即通过对建筑与外部环境形态的概括，将20世纪以来的环境艺术风格归纳为抽象几何化、高技术风格、有机形态、符号与通俗化、生态主义，以及历史保护等几种类型，其中不可避免地存在着交叉和重叠，但希望能相对简明扼要地展现这一时代的梗概。

14.1　抽象几何化

现代主义运动为20世纪环境艺术带来的最鲜明特征就是抽象几何化的空间形象。框架技术的广泛采用，追求反映功能与结构的形式，杜绝附加装饰等，使建筑风格出现惊人的简洁和统一。就环境关系而言，它们提供了平整简洁的空间界面，围合形成抽象几何化的空间环境。例如，现代主义的德国包豪斯校舍建筑，非对称组合的矩形体量围合同样的内外空间；德国西门子住宅区等大量城市居住区，形象一致的住宅楼按采取行列式布局；巴西新都巴西利亚等城市中心，竖向大厦控制水平广场，皆统一于色彩单纯、形体明确的简单几何构图的和谐中。它们的内部空间不同，外部也有差异，但都体现为一种同质空间连续的环境。

巴西利亚原为地势平坦的荒原，为建筑“在光照下的体量的巧妙组合和壮丽表演”提供了最佳舞台。城市平面模拟飞机形象，象征巴西是一个迅猛发展、高速起飞的发展中国家。机头三权广场上的国会建筑有着简洁而鲜明的几何特征（图14–1–1）。众议院会堂形似朝天的巨碗，表示言论开放；参议院会堂则如倒扣的巨碗，表示它是决策机构；国会办公大厦是两座并立的高层板式建筑，中有天桥相联，形成 H 形，意在维护人类尊严，保障人权。建筑群的几何形体构图和富于雕塑感的巨大体量在空旷的背景下给人以强烈的印象，但抽象形式背后的象征性意义在实际环境中却并不尽人皆知。

图 14-1-1 巴西利亚鸟瞰

在同质的空间关系中，不同材料的运用带来不同质的界面，丰富着空间形象。现代主义建筑大师密斯·范·德·罗偏爱钢和玻璃在简洁艺术造型中的表现力，设计出亮晶晶的玻璃盒子式建筑，外形极为简洁而通透，内外空间相互穿插融合，似乎没有明显的分界，如巴塞罗那世界博览会德国馆和范斯沃斯住宅等（图14–1–2）。他设计的钢和玻璃大厦，因比混凝土外表更通透明快而在20世纪60年代后影响广泛，大量出现在现代城市中心。与之形成鲜明对比的是另一位大师勒·柯比西埃早期的萨伏伊别墅（图14–1–3）和后期的法国马赛公寓。二者均为混凝土建造的鲜明几何形体，前者施以白色抹灰，强调一种机器美；后者表面有意追求毛糙的混凝土，颗粒大，反差强，使这幢17层的建筑物如同沉重巨大的雕塑品，表现出粗犷的形象风格，这种风格一度也有众多的追随者。

图 14-1-2 范斯沃斯住宅

图 14-1-3 萨伏伊别墅

图 14-1-4 萨伏伊别墅屋顶花园

环境绿化景观也与建筑和城市设计一致。如宅园绿化，一种反映为平面关系，如画家、建筑师范·陶斯堡设计的花园，在黑色的种植池中植红黄蓝白不同颜色的花卉，构成风格派绘画般的图案，通过颜色的对比取得平面的韵律；另一种突出空间关系，如莫尔纳的住宅花园和勒·柯比西埃的萨伏伊别墅的屋顶花园（图14–1–4），与建筑紧密相连，巧妙运用平台、柱廊、水池等元素，形成建筑形体外延的空间几何凹凸构图。更大的绿化景观设计，如丹·基利的达拉斯联合银行大厦广场（图14–1–5），使用规则的水池、草地、平台、林荫道、绿篱等要素，以一种重叠网格构图向周围延伸，一个网格的交叉点上布置落羽杉圆形树池，另一网格上设加气喷泉，在广场绿地中行走，如同穿行于几何形的森林沼泽。

图 14-1-5 达拉斯联合银行大厦喷泉广场

14.2 高技术风格

图 14-2-1 埃菲尔铁塔

历史上对最新技术的追求与表现，是促成新的建筑与环境艺术风格的重要因素之一。19 世纪，伦敦世界博览会中铁和玻璃的水晶宫、巴黎世界博览会的埃菲尔铁塔，均为表现高技术风格的早期典范（见图 13-3，及图 14-2-1）。现代主义抽象几何式环境艺术的特点之一也是突出钢筋混凝土、钢材、玻璃等新技术与材料。自 20 世纪 60 年代以来，一部分沿着现代主义崇尚工业化的轨迹继续前进的设计师们进一步开发利用和展现高科技成果，追求新材料、新技术产生的新颖表现，讴歌工业技术之美，主要通过建筑形成一些高技术风格的环境。

图 14-2-2 蓬皮杜艺术中心

法国巴黎蓬皮杜艺术中心是高技术建筑的代表作（图 14-2-2）。它以形如巨型机器的外观引人注目，钢柱梁、斜撑构成基本立面，漆成不同颜色的设备管道、透明的自动扶梯管道等等均毫不掩饰地悬挂其上，暴露在外，体现出强有力的机器美。在它面前，人们仿佛置身于巨大的工厂设备或建筑工地环境中。设备的外置带来连续不间断的内部空间，所有的门窗、墙壁均可拆卸挪移，使得人们可以按各种需要改变使用方式。就外部环境而言，蓬皮杜中心虽然与周围古典复兴式建筑保持了一致的高度，对建成环境示以敬意，但毕竟体量巨大，忽视了人对技术制品的心理感受，引起不少争议。其后，出现了伦敦劳埃德大厦，芝加哥汉考克大厦，香港汇丰银行大厦等一批以暴露金属结构构架取得艺术效果的建筑。

图 14-2-3 德方斯门

20 世纪 70 年代常见的表面通体玻璃或铝质幕墙等高层建筑，是高技术倾向的另一支。它们比结构暴露的建筑更集中地出现在城市中心地段，以几何体、平滑表面和晶莹的光感形成更显著的高技术整体环境，巴黎的德方斯新区就有这种特征（图 14-2-3）。

在 20 世纪 60 年代的城市设计领域，高技术风格主要表现为提倡大型的、多层或高层的、用预制标准化构件装配而成的巨型结构。如英国阿基格拉姆小组提出的插入式城市、美国弗里德曼提出的空间城市（图 14-2-4）。建筑主体大多为庞大的构架，内有明确的交通系统与周全的服务性管网设施，使用单元像是预制的插头，只要插入构架，接通管网，便可使用；城市环境不再以传统的单体建筑围合或连续构成，而是形同工业设备巨型结构组合，由水平变成立体的街道与升降设备把它们连成一体。设计师们认为这些高技术的设想能使城市更经济有效，在满足人的生存需要时不至于破坏更广大的自然生态，挽救城市危机。但它们多停留在实验阶段，没有真正实现。

时至 90 年代，高技术在延续追求新颖形式的同时，开始摒弃对技术机器美学的简单追求，更多考虑人文、生态等因素，在突出技术美的同时，利用科技成果提供更有效利用自然的环境，并保护自然，实现人与自然的和谐。这种趋向通常表现为运用金属、玻璃、橡胶、塑料、纤维织物等新材料，与灌溉喷洒、夜景照明、材料加工、植物栽培等新技术相结合，形成前所未有的建筑与环境景观。

在丹·皮尔逊为伦敦切尔西花卉展设计的屋顶花园中，透明半球形屋顶灯散布在植物当中，反射出天空与周围环境的影像，产生科幻般的印象。渡边诚设计的岐阜文化信息中心平台上，一组高高的炭精钢条雕塑般的立于草皮上，太阳能元件及特殊材料的运用，使得纤细的钢条能感应到风、雨、温度、光线的改变，随之而产生动感的形态变化。高技术在此受到自然的感召，深刻地表现出大自然的力量。

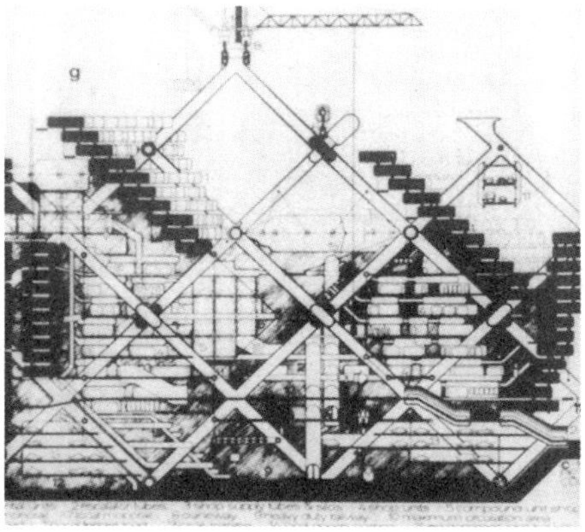

图 14-2-4 英国阿基格拉姆小组的插入式城市

14.3　有机形态

在建筑环境艺术中，有机形态的环境艺术具有两层不同的含义。一种主要是形式意义上的，系采用波形曲面等形体，给人更自然肌体化的造型与空间感，并因形象独特，可带来丰富的联想；另一种从观念上强调人为建造的环境更好地同具体地点的自然环境，以及具体活动的人类心理相结合。两者有时相互渗透，都注重建造项目同人的心理活动的关系。它们在20世纪初期即已经出现，在其30～40年代一度被现代主义建筑潮流所淹没。

图 14-3-1 朗香教堂

门德尔松的爱因斯坦天文台作为20世纪早期表现主义思潮的代表作，反映设计者对相对论的感受与体验，用混凝土和砖塑造了具有混沌感的流线型体形。二次大战后的许多建筑，如法国朗香教堂（图 14-3-1）、德国柏林爱乐音乐厅、悉尼歌剧院等，各有其同宗教、音乐和地点相关的设计出发点，但波浪般的形体在自然坡地、城市街道、海滨广场上醒目屹立，都为习惯了大量几何体量与空间的人们带来奇妙的环境感觉。

另一种有机形态在早期以美国建筑师赖特为集中代表。他明确提出了有机建筑概念，反对现代主义抽象几何化和大工业化材料形象同自然环境的对立，强调结合自然地形，运用木材、砖石等传统材料，以及空间形体的变化使建筑与自然环境相互融合。流水别墅是赖特的代表作（图 14-3-2）。建筑与地形、山石、流水、树林紧密结合，层层叠叠的平台自大片毛石墙挑出，与周围岩石的肌理相呼应，人工的建筑与自然景色浑然一体，相得益彰。曾是现代主义大师之一的阿尔托战后设计的珊纳特赛罗镇中心，巧妙地利用坡地地形，并迎合林木环境，在建筑空间布局上，不是一目了然，而是富有层次变化，使人逐步发现；在房屋尺度上，与人体配合，化整为零；在材料运用上，用红砖和木材同树木协调，具有很强的环

图 14-3-2 流水别墅

境亲和感与人情味。

在园林环境当中，18–19世纪的英中式园林包含了大量有机形态的元素，如曲线的池岸、园路和“自由”栽植的树木等。虽然随着现代主义思潮的推进，规则式园林因能更好地与建筑形体协调而一度更受青睐，有机形态的园林环境仍然取得了发展。例如美国景观设计师托马斯·丘奇的作品，运用立体主义、超现实主义的形式语言如锯齿线、钢琴线、肾形、阿米巴曲线等，结合在一起形成简洁但富于流动感的平面，木材、石材的装修与铺装展现出素朴的质感，展现出一种新的动态均衡形式，使建筑与自然环境之间有了一种新的衔接（图14–3–3）。巴西景观设计师布雷·马克斯等人结合拉丁美洲传统，吸收表现主义和超现实主义因素，也塑造出曲线和生物形态的现代园林。如奥德特·芒太罗花园（图14–3–4），座落在宽阔的山谷中，曲线的道路将人的视线引向远方壮丽的山景，将自然景观借入园中。大片的各色植物簇拥在道路两旁，色彩鲜艳，形成流动图案的花床。

在城市规划设计当中，善于结合地形，把自然风貌同城市景观融为一体的规划体现着有机环境艺术的风貌。以美国华盛顿特区规划设计与英国的“花园城市”思想为先行，美国建筑师格里芬完成的堪培拉规划是典型范例（图14–3–5）。城市选址在这个规划中极为关键，其北面是蜿蜒平缓的山丘，东西南三面则为森林覆盖的崇山峻岭，大自然提供的环境造型犹如不规则的露天剧场。规划以地区边缘的山脉作为城市背景，把市区内的山丘当作主体建筑群的基地以及对景的焦点，并把流经此处的莫朗格罗河拦腰扩展为人工湖，分城市为南北两部分，连以两座大桥，南部以首都山为轴心，北部以城市广场为轴心。市内山光水色相互掩映，道

图 14-3-4 奥德特·芒太罗花园

图 14-3-5-b 格里芬规划的堪培拉城市平面

图14-3-5-a 自议会大厦远眺安利斯山和战争纪念馆

图 14-3-3 丘奇设计的模仿自然池塘的游泳池

路向四周伸展，同一层层街道交织成蛛网，纵横交错，内外衔接，十分壮观。堪培拉的建设，完全按照这一规划进行，至今仍享有田园城市的盛誉。

后一种有机的环境创造，事实上就是景观建筑学所注重的，并在20世纪90年代后也同高技术倾向结合，例如皮亚诺在南太平洋热带岛国新喀里多尼亚设计的芝柏文化中心，外形如棚屋，与当地传统住宅具有文脉的联系。木结构的双层表皮具有高技术含量，能够根据风向、风速的变化自动调节百叶方向，从而达到内部空间的降温、降湿，形成舒适的小气候。工业时代高技术冰冷、严谨的外观风貌变得自然而精巧，体现结合自然环境、富于地方性与人情味的审美倾向。

14.4　符号化与通俗化

符号化的环境艺术，指把一定范围内人们熟悉的形象当作文化符号进行组织，通过隐喻、象征等手法，营造出具有特定意义的建筑或景观环境。符号化环境艺术的产生有着复杂的背景，主要原因在于人们对现代主义抽象几何造形在文化内容方面的苍白感到厌倦，以及语言学、人类学和哲学中的符号研究向艺术领域的渗透。人们注意到，在同人的行为和心理发生的长期联系中，各种形象的事物反映在人们心中可以表达类似语言符号的含义，希望通过符号性的形象寻回建筑环境中正在丧失的历史与地方文化特色，又体现文化的发展。这种符号的运用，不像折中主义时期对历史风格的模仿与采集，而是借助传统的形式与内容，采用抽象、夸张、断裂、扭曲、组合等手段，利用和现代技术相适应的材料进行表现，形成新的视觉形象，产生新的综合含义，使设计既具有历史文脉传承感，又符合当代人的某些审美趣味。

20世纪60年代兴起的后现代主义可视为符号化的环境艺术的先锋和主要代表。

纽约电话电报公司（AT&T）总部大楼在后现代建筑中具有典型意义，设计师约翰逊运用了数种历史上的建筑局部作为形象符号，如底层借鉴文艺复兴时期巴齐礼拜堂的立面，高大的贴石柱廊和圆拱门可以突出表达入口；哥特式墙面竖线条体现建筑高耸升起，巴洛克风格的断山花式联系屋顶的意义。它整体上没有19世纪折中主义建筑的典型复古感，却以其独特的形象反映了美国当代文化的多元并存（图 14-4-1）。

穆尔设计的新奥尔良意大利广场圣·约瑟夫喷泉小广场，周围柱廊以不同于古代的虚实关系和材料质感抽象出的柱头和拱券，檐部刻有拉丁文字，中央跌水池呈现意大利地图形状，加上强烈对比的红黄蓝等色彩，充满着与意大利文化相关的符号，以带有戏谑性的新奇产生厚重的历史感（图 14-4-2）。

图 14-4-1-a　美国电话电报公司总部大楼

图 14-4-1-b　美国电话电报公司总部大楼入口

图 14-4-1-c　巴齐礼拜堂

文丘里设计的普林斯顿大学巴特尔学院胡应湘大楼的入口上方，一组古典符号组合纹样传达出中国京剧脸谱的几分神韵，体现着西方世界对中国意象的认知（图14-4-3）。

矶崎新设计的日本筑波城市政大厦（筑波中心）对符号的运用较为暧昧和节制，更注重通过加工、变形赋予其新的含义(图14-4-4)。中心洼陷的广场源自米开朗基罗的椭圆形罗马卡比多广场，但将色彩关系反转，并引入跌水、台阶等打破其原来对称统一的构图。广场一侧的层层跌水仿自美国景观师哈普林的水景经典设计手法，但是其中叠置的块石明确显现了日本传统，整体体现了一种历史和当代、西方与日本文化的结合。

图14-4-2 新奥尔良意大利广场圣·约瑟夫喷泉小广场

图14-4-3 胡应湘大楼入口

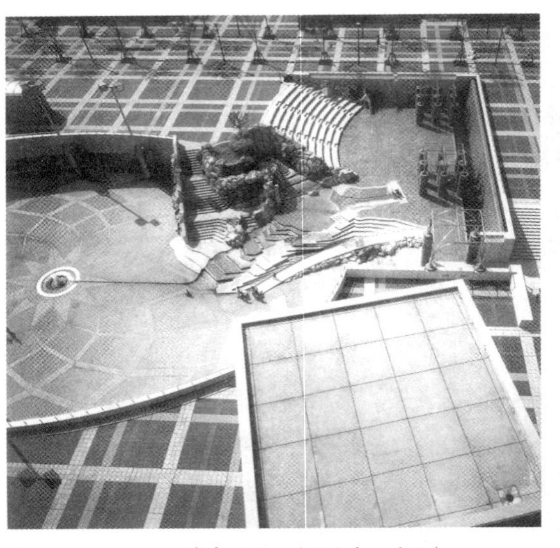

图14-4-4 日本筑波城市政大厦(筑波中心广场)

时至20世纪末，设计师们对形象的意义与隐喻的探索与日俱增，对符号的运用也并不拘于风格、流派，源自现代主义的冷静几何式样也可产生特定的符号效果，形成具有深层意味的环境艺术，如安藤忠雄的“光的教堂”（图14-4-5）。试图打破建筑与其他艺术的界限以及建筑中习惯规则的解构主义建筑，常利用联系于某种事物的形象为设计灵感的起始，也常带来具有符号感的建筑与环境。

建筑的符号化常伴随着通俗化，借鉴绘画雕塑中的波普艺术，把被现代主义视为不入流的形象或组合关系带入建筑环境。在以新的手段组织建筑符号之外，杂类材料组合的绘画、雕塑可以是超写实或抽象的人形、日常用品，凌空或堆积的结构，加上鲜亮醒目的色彩，置于建筑、街道、广场和绿地中，甚至本身就构成一种雕塑与建筑不分的房屋（图14-4-6）。

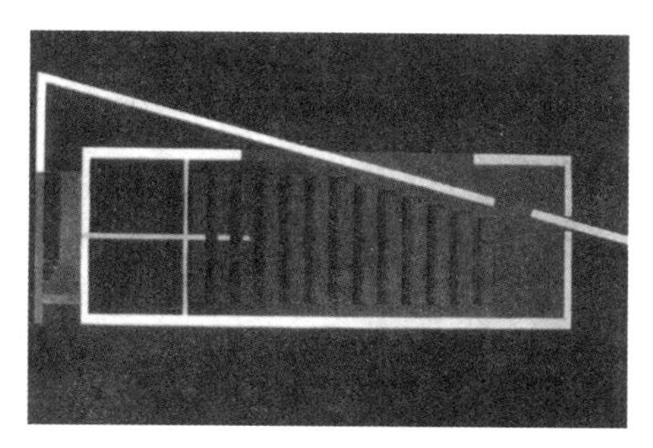

图 14-4-5-a 安藤忠雄的“光之教堂”平面

图 14-4-6-a 洛杉矶 IN-N-OUT 汉堡包餐馆的辅助用房部分

图 14-4-5-b 安藤忠雄的“光之教堂”内景

图 14-4-6-b Chiat Day 西海岸总部大楼

图 14-4-6-c 拉斯韦加斯街景

14.5　生态主义

在近代以前的西方环境艺术发展历程中，虽然缺乏对自然美的明确意识，但其不少实践仍然展现出自然而然的生态环境美，例如古希腊的环境艺术和早期的英国风景园林。然而，现代意义的生态意识和生态建筑学的概念则是在 20 世纪 60 年代才真正确立。

早自工业革命以来，人类社会就开始面临着环境问题的严峻挑战：人口剧增、资源枯竭、环境污染、生态破坏等等，严重地威胁着人类的生存和发展。在这一背景下，生态环境成为人们日益关注和忧虑的问题。现实教训和研究加上吸收古代和东方思想的精华，西方的思想方法和观念开始逐渐转变。20世纪30年代，生态系统理论初步建立，20世纪60年代，人同自然世界作为一个生命有机整体的意

图14-5-1 杜伊斯堡风景公园高炉的可攀登部分

图 14-5-2-a 科特布斯褐煤矿区的露天矿坑

图14-5-2-b 数十年后科特布斯褐煤矿区将形成多样的多湖平原景观

图 14-5-2-c 矿坑边的大地艺术作品

识成为共识，以此为原则考察人与自然的关系成为科学研究的主要内容，生态学由此兴起。20世纪60年代末美国建筑师麦克哈格《设计结合自然》一书的出版，提出了设计结合自然和保护生态环境的分析和操作方法，是生态建筑学产生的标志之一。

生态建筑学注重人与自然的关系，在追求人类与自然长期平衡发展中又富含自然景观美的意识。较之景观建筑学，后者更多突出自然美直接的艺术价值，但自然景观美的构成要素本身也带有生态的意义，能够启发人们对于环境与生命的思考。在这一意义上，从19世纪的华盛顿市中心景观规划，到奥姆斯特德时代的城市中心的大片绿地、林荫大道、充满人情味的大学校园和规模巨大的国家公园等等，也可视为生态环境艺术的先行。而此后遍布世界各地大量的景观设计实践，都在不同程度上带有生态理念的特征，反映着生态设计原则的深入人心。

以生态原则为设计主旨，西方一些发达国家的大面积国土规划或区域土地利用规划中，通常采用预设大量自然保留地的方式，以减少人类建造、生产活动，维护大范围的自然均衡，为自然气候的稳定、生物的多样性、及可持续发展的资源提供保证。如德国卡塞尔市的奥尔公园中面积约6公顷的自然保护地，植物在这里自生自灭，成为伏尔达河畔野生鸟类栖息的理想场所，也为人们提供了可贵的自然景观。德国杜伊斯堡风景公园（图14–5–1）、科特布斯露天矿区（图14–5–2）以及美国西雅图煤气厂公园等（图14–5–3），则运用生物及化学技术，将原有的工业废弃环境改造为良性发展的动态生态系统，为地区更新与发展提供了良好的基础。

图 14-5-3 西雅图煤气厂公园

与此同时，城市和建筑群的选址、布局也最大限度地保护和利用原有良好的自然条件。在麦克哈格与华莱士完成的沃辛顿河谷地区规划（1962）中，就采用了自然地理决定论揭示的最佳发展模式，提出避免沿河谷底部的零星开发，限制坡度较缓两侧的发展，而在空旷高地上重点发展的建议，从而使得河谷地区的美好自然环境得到系统的保护，同时又能容纳预期的发展，是生态保护与区域开发良好结合的典型实例。

图 14-5-4 阿伯丁郡史前中心

在建筑环境领域，生态主义思想催生了更加丰富多彩的果实，一方面，在某些自然环境仍未被大量人为改变地区的建筑发展中，力求维护优秀乡土传统，保护原自然生态。如英国爱德华·库里南事务所的阿伯丁郡史前中心，主体是覆土植草的圆锥体，上部厚重的土层使其形似天然山包，土层特有的隔热保温及保湿性能营造了展馆内稳定的小气候，外观上则完全融入阿伯丁古朴的风景当中，展示了掩土建筑的生态潜力（图 14-5-4）。另一方面，在现代化大城市中，则利用高新技术以减少建筑能耗，降低资源浪费，以绿色景观或新奇造型造就都市的宜人环境。如杨经文设计的马来西亚雪兰莪州格思里高尔夫俱乐部，两个形状完全不同的翼能够在建筑周围产生风压，促进自然通风，创造健康舒适的室内环境，而其本身奇异的造型也扮演了地标的角色。罗杰斯设计的柏林奔驰办公楼对传统空间形态“合院”进行生态化演绎，建筑的窗户及屋顶能够灵活开启和调整，使合院形成有效的通风，争取到最大的采光量，是节能的典范。

14.6　历史保护

在现代社会，切实保护与合理利用历史文化遗产是许多国家文化发展的战略性方向之一。在历史发展过程中形成的环境——包括建筑、街巷以至自然环境风貌，是地方传统文化的载体和把人们联系在一起的重要精神纽带。它们的存在对于提升人类的环境品质与文化内涵具有不可取代的意义，其本身就是极具价值的环境艺术资源。随着社会文明的发展，许多历史建筑和环境被规定为受到政府保护的文物，联合国教科文组织更以“公约”的形式，确立起世界性的人类文化与自然遗产保护条例。

基于建筑的特点和当代需要，对历史建筑的保护与利用有多种实践方式，形成具有不同特色的当代文化环境。

对于可以继续使用的建筑，如大量中古以来的教堂、寺庙继续维持宗教功能，并开放给游人参观。许多城堡、宫殿建筑成为博物馆，多以同建筑时代相关的文物和艺术品，形成把当代活动与历史场所感联系在一起的文化环境。这些建筑一般在维护修缮中要求保持原貌。较严格的文物建筑历史感维护有“修旧如旧”，使用同旧建筑相同的材料，并通过技术手段，使修缮后仍保持历史沧桑感。一种更严格的历史文物保护，要求加固和补充的建构同原有形象区别开，这样产生的环境把两种真实并置，使人通过差别了解哪些是真正的古代遗存，在切实感受时代变迁中体验人类曾经历的历史。在较大改变建筑使用功能时，有时会在大空间中作现代加建。巴黎奥赛美术馆原为 19 世纪的火车站，1939 年关闭后长期废弃不用，1986 年被改建为美术馆（图 14-6-1）。改建除对原建筑进行细致地整修外，还用现代结构在大厅中插入了一套新的空间层次，创造出“房中房”式的环境，既保持了原火车站建筑形象要素的完整，又创造出适合现代参观展示的流动空间，具有一般艺术馆无法取代的独特气质。

大规模城市开发中一些历史建构的保护与重新利用，使它们在新的整体环境中产生和发挥了历史的活力。横滨地标塔附近的石造船坞，是日本现存最早的干式船坞，具有重要的技术史和海运史价值，虽然该地段属高强度开发地段，但这一重要文物得到保存和重新修复，作为观演与休闲空间，成为商业环境中的文脉遗存。德国杜伊斯堡风景公园、格尔森基尔欣园林展公园等，对废弃的原有工业环境进行改造，在造就新的活动与景观环境时保留了许多原有特征，同样具有历史保护的意义。

在城市街区中成片地保护历史地段，是当代传统文化环境保护的重要趋势。历史地段指在自然与人文环境等诸方面蕴含着城市历史特色和景观意象，并能够反映社会生活和文化的多样性的地区，它是城市历史活的见证，成片的保护使之比单体建筑更充分地体现着历史文化的整体性与延续性。

历史地段不一定包括艺术价值极高的单体建筑，但保存下来的房屋、街道、广场、树木、水流等构成一个环境整体，展示着人类过去的生活场景。澳大利亚悉尼岩石区旧城为历史地段保护性环境的佳例。岩石区原是中国移民来澳淘金的聚居区，是现代澳洲发展的主要起源地之一。当时的村落是沿悉尼海岸线，依循地形起伏的砂岩丘陵自然形成。悉尼市政府曾一度计划将该地区的旧房全部拆除，新建一系列曲线状的板式大厦，作为高层商务建筑的建设用地，但最终没有实施。岩石区被确立为悉尼的重要历史保护地段，将其中的旧建筑留了下来，并结合保护开展了系统的修复、更新和改造工作，加强了该地段面向旅游业的综合功能。岩石区现在的环境已形成重要的人文历史景观，是游客在悉尼的必到之地。

对于城市中发现的大面积古代建筑废墟的保护，常使之成为考古公园，如罗马市中心的古罗马废墟群，广场、神庙、凯旋门等大面积残垣在绿荫的伴映与通透栅栏的维护下，同周围街道、建筑共存，引发对古罗马较完整的冥想，更丰富了城市环境的内容。小型遗址也能被巧妙地处理利用为城市历史景观的重要组成部分。在意大利的许多城市，由于历史变迁，地下有层层古迹，考古发掘出的断壁残垣，在城市建设中经适当保护措施，就原址向街道上的路人展示，使街道似乎

图 14-6-1 巴黎奥赛美术馆

图 14-6-2 维罗纳街头文物遗迹

历时性地联系着不同的时代（图 14-6-2）。

保护城市天际线、轮廓线是历史保护性环境艺术在城市层面中的重要内容。以天空为背景的一幢或一组建筑物以及其他物体所构成的剪影或轮廓被称为天际线，区域性的天际线形成城市远景轮廓。世界上著名的历史城市都留下了美丽、独特的天际线，如由拜占庭到伊斯兰教的伊斯坦布尔、由中世纪到文艺复兴的佛罗伦萨、巴黎等等，一望即可辨认城市的个性，在人们心中留下深刻的印象，同时，对于城市与市民之间所形成的方向感与认同感等视觉与心理意义也非常重要（图14-6-3）。

图 14-6-3 罗马城天际线

为在建筑高度上维护传统建筑与城市独特的天际线、轮廓线，以它们的完整来维护独特风貌，不少历史悠久的城市在旧区限制建筑高度。至今佛罗伦萨城仍以佛罗伦萨主教堂穹顶为全城空间构图的主导因素和标志物，罗马中心区的建筑高度亦不能超过圣彼得大教堂穹顶采光塔。现代高强度建筑开发另辟新区，如罗马新城与巴黎的德方斯新区。德方斯新区是巴黎人口集中、高层建筑林立的副中心，选址位于巴黎城市东西主轴的延长线上，与旧城遥相呼应，最大程度地维护了旧城的景观视野，以及诸多教堂尖塔和穹顶构成的城市轮廓线。

复习思考题：

1.在城市环境设计的层面上，“有机形态”的风格有哪些体现?

2.举例说明隐喻、象征等手法是怎样具体应用在符号化的环境艺术当中的?

3.生态原则在西方当代环境景观设计中是怎样体现出来的?

4.保护与合理利用历史文化遗产已成为许多国家的战略性方向之一，请从文物建筑、历史街区及城市整体风貌等不同层次总结当代常用的实践方式，并就其发展趋势进行阐述。

下篇

中国古代环境艺术简史

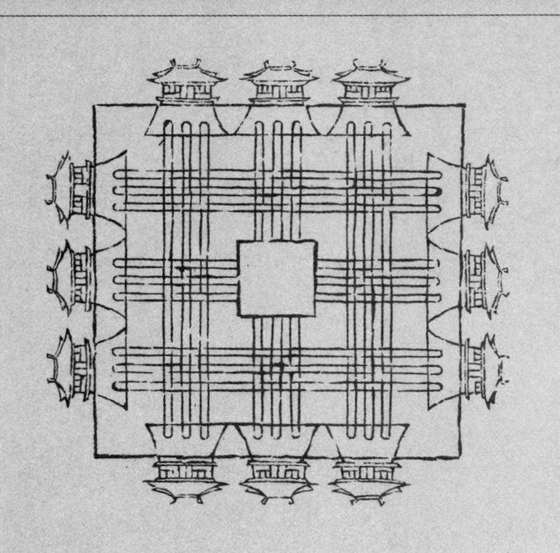

第1章　史前的人造环境遗迹

1.1　巢居与穴居：原始居住环境

关于原始居住环境，中国有很古老的文献记载，如《韩非子·五蠹》："上古之世，人民少而禽兽众，人民不胜禽兽虫蛇，有圣人作，构木为巢，以避敌害。"此外，又如《礼记·礼运》说："昔者先王未有宫室，冬则居营窟，夏则居橧巢"，反映出巢居、穴居两种人类先祖的主要栖止方式（图1–1）。

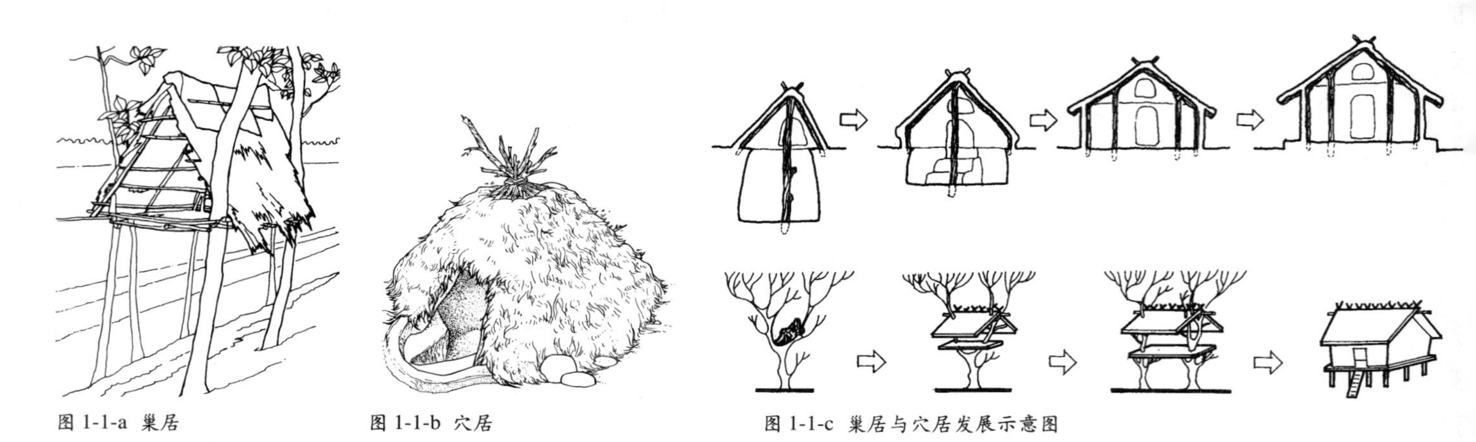

图1-1-a 巢居　图1-1-b 穴居　图1-1-c 巢居与穴居发展示意图

所谓的穴居，史书记载为"掘地为穴，架木于上，以土覆之，其形似冢"，即是罩在穴口上的斗笠样、茅草覆盖或再在其上涂泥，留着开口的顶盖。也有学者认为，甲骨文的"宫"字（图1–2），即是这类房屋的正立面。穴居隔绝性能较好，但"润湿伤民"，宜用在冬天、较寒冷地带和陵阜高处。巢居前身为树居，后来发展为干阑建筑，系以长木为水平构件，采用榫卯结合的方式构造而成。为适应南方多雨的气候，干阑的屋顶都较大较陡，出檐较深，隔绝性能较差，但可避潮湿，可用在夏天、较炎热潮湿地带或沼泽低洼处。由于南、北自然条件的不同，两种不同地方风格的环境景观也就此展开：北方穴居房屋，厚厚地涂抹着草泥的屋顶和墙，贴着地面的矮墩墩的形体，与黄土地完全一致的色调，显得敦实而质朴；而南方干阑房屋架空的下层空间、薄薄的板壁或席墙、带有栏杆的空廊和挑出深远的屋檐，散布在湖光山色之中，显得空灵而通透，显示出不同气候、环境等自然条件造成的不同居住环境特征。

图1-2 甲骨文的"宫"

1.2　原始聚落规划

在原始思维及万物有灵观念的影响下，先民普遍相信自身的行为、经营的生活环境与天地神有着直接的对应关系。观天象、测日影等活动所积累的经验，使得人们很早就掌握了南北向正方位布局的环境经营手法，并与朴素的宇宙观相联系，将人们所认同的宇宙形式或宇宙运行规则作为人工建造环境的根据，使得建成环境富有特殊的意义。

在新石器时代早期，中国人已经形成了一套聚落选址的原则——选择河流两岸的阶地或河流交汇处地势较高的平坦地方建置居住聚落，表现出对环境空间的明确意识。例如仰韶文化时期的村落遗址，在北高南低的阶地上呈南北向正方位排布，南面多为河流交汇处，离河道远的则聚结在泉水近旁，仰韶文化活动地区阳光重要性非常突出，选择北高南低的地势有利于遮挡北面的寒风，接纳充分的日照，从而形成良好的生态小气候。仰韶时期的先民也较早地开始根据太阳运行方式来考虑人工环境的经营。

仰韶文化时期的穴居系列村落的群体规划，已有初步的区划。居住、生产、墓葬用地的分区，反映了人类在聚落营造过程中对休息与劳作、生人与死人、身份、族类等区别的明确意识和观照，并利用距离远近的对比、建筑形态和建筑朝向的呼应，来强化人们领域感的形成，表现出环境与人的互动关系。

这一时期的村落环境经营还显现出向心性的特征，以陕西临潼姜寨一期村落遗址最为完整和典型（图 1-3）。村落中心是一片圆形中心广场，周围有分组的建筑，围绕中心广场作环形相向布置。每组建筑都包括供氏族成员集会的“大房子”与环绕着它的若干组小房屋，所谓的“大房子”在氏族村落中兼具集会和祭祀功能，是后来宫殿和庙宇的原型。其建筑平面严谨，有突出的中轴线和明确的四极。所有房屋都朝向中央广场开门，形成向心式布局，体现着团结向心的氏族公社原则。这种有分区、有主从、有中心、有边界、并且为正方位布置的人工环境与中国古人对宇宙的认知有着一致性，显示出营造活动和人们思想观念的相互生发和支持。

在龙山文化早期，中国进入父系氏族社会，私有制出现，原来氏族公社向心式的规划方式被打破。龙山文化中、晚期，“大房子”演变为内部空间较为复杂的高大建筑，围绕有重重院墙、沿轴线设置多座院门，若干小建筑以几乎正南北的方位与其垂直组合，成为此后数千年中国古代建筑环境广泛采用院落组合式布局的先声。

图 1-3 陕西临潼姜寨村落遗址模型

1.3 原始纪念性环境

按照原始思维方式，祭坛、墓葬等场所均为能沟通天地人神的特殊场所，故成为原始社会时期环境经营的重点。新石器时代晚期的积石冢和巨石建筑“石棚”运用向心布局，冢群中心为大冢，周围有陪葬小冢，透露出对较尊贵死者的纪念性要求。

距今6000多年前的河南濮阳西水坡仰韶文化遗址45号墓室经营则体现出更为综合的时空方位观念（图1–4）。墓主人左右两侧有用蚌壳精心塑造的龙虎，造型惟妙惟肖，是中国古代“四灵”观念的较早表现，其布局象征着时间、空间方位，以及和天文星象的联系，充分地体现出先民对于环境设计与宇宙方位、天象对应关系的关注及取得的成就，对之后的阴阳、五行、方圆、天地等重要的古代空间图式有着重要影响。

辽宁牛河梁红山文化的女神庙祭坛坛址高显空旷，视野广阔，山嘴沿祭坛中轴线向南的延伸线，正对河对岸山梁上的山口，与自然环境呼应契合，带有“对景”的意义，体现出先民对外部环境的充分关注（图1–5）。遗址北部是接近方形的祭

图1-4 河南濮阳西水坡45号墓仰韶文化蚌塑星像图

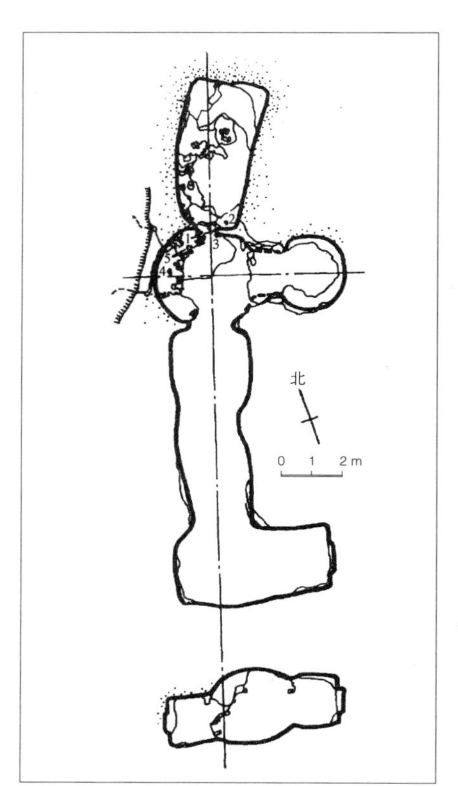

图1-5 辽宁牛河梁红山文化女神庙祭坛遗址

图1-6-a 辽宁牛河梁红山文化的方丘

图1-6-b 辽宁牛河梁红山文化的圜丘

坛——方丘，轴线向南延伸，为圆形的圜丘，是迄今所知最早的天坛和地坛（图1-6）。圜丘三环石坛的构成反映了中国的传统盖天理论，是古人按照当时的宇宙观念完成的宇宙图解。这一形状至今还完好地保留在北京的天坛圜丘和祈年殿的三重圆顶上。祭坛的群体布局轴线对称、方圆互补，体现了以自然天地为参照系的大尺度空间观念，也意味着轴线的运用已成为人类环境经营的积极手段。

1.4　古代岩画、地画及壁画

早在距今二万多年的旧石器时代，中国原始人便开始采用矿物颜料绘于岩石壁上或在其上敲凿图案，形成岩画，其中心主题多是表现狩猎生活和动物形象。岩画图像一般都在原始狩猎生活中发挥带有巫术意义的实际功能。

与欧洲洞穴壁画追求对动物外形的酷似和模仿相比，中国岩画图像大多追求粗线条的勾勒，具有写意的特点。此外，还往往制作在敞亮的崖阴处，与周围特定环境形成特殊氛围或意境，体现出原始天人合一的观念。

如江苏连云港将军崖岩画，刻画在锦屏山南面入口处的巨石上，巨石形似穹窿，前面是一片低平的开阔地，参加祭祀的人们面对着崖石上的神灵图和星象图，如拜倒在苍天之下，虔诚的信仰与神秘的图像形成一种扑朔迷离的幻境。岩画中的舞蹈图，大多刻或画在沟畔的峭壁上，为舞者提供直接的感应对象。动物图或狩猎图，多刻在山峰或接近山峰的地方，因为兽类或牲畜常常出没于此。象征生殖崇拜的人足迹和兽蹄印迹，多刻在前面有平坡的巨石上，求育者近前可以观瞻抚摸，退后可以顶礼膜拜。祭水神的舞蹈岩画，多画在河流转弯处的陡峭崖壁上。

岩画与环境在空间上的这种和谐一致，不仅充分地体现了岩画本身的实用功能，在客观上也使岩画对接受者的身心产生更大的震撼力。在这一意义上，中国岩画又可说是一种大地艺术。

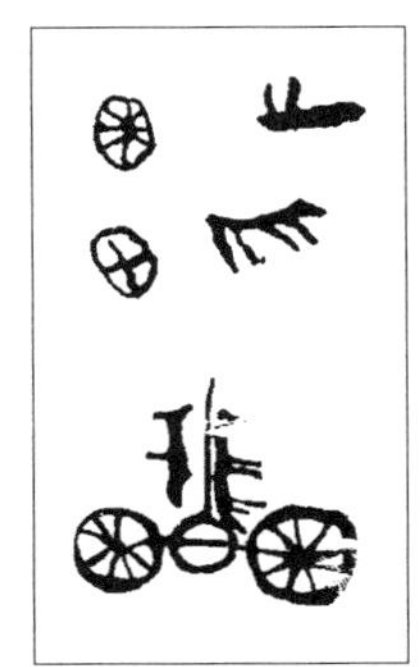

图1-7-a　阴山岩画，刻画了野生动物、狩猎、舞蹈、部落战争及天文图像等

图1-7-b　云南沧源岩画(一)

图1-7-c　云南沧源岩画(二)

图 1-8 大地湾遗址地画

与居住环境密切相关的装饰行为——彩绘，在距今约六、七千年仰韶文化的大地湾遗址中被首次发现（图1-7-a～图1-7-c）。该画用炭黑颜色，绘制在房屋居住面正中上方，再现了人们围绕神像进行祭祀舞蹈的场面，寄寓着祈求狩猎丰收的愿望。在齐家岭文化（距今约四、五千年）许多遗址中，也发现了不止一处在墙壁上彩绘的装饰纹样遗存。在辽宁西部建平县境内已知最古老的神庙遗址中，室内已用彩画和线脚来装饰墙面，彩画是在压平后烧烤过的泥面上用赭红和白色描绘的几何图案，线脚是在泥面上作成凸出的扁平线或半圆线，具有一定的立体感。而根据大量发现的当时的精美彩陶来看，可以想像用于建筑的彩绘装饰应当已具有相当可观的面貌了。

这些原始的建筑装饰图案反映了先民们审美意识的发萌，富于鲜明的中华民族特色，并在后来有着较为稳固的延续与发展。

复习思考题：

试分析说明原始的居住环境和纪念性环境分别具有哪些特征？为什么会形成这些差异？

第 2 章　先秦时代的环境设计

先秦包括夏、商、周、春秋战国等时期。中国黄河流域氏族社会的晚期，私有制已经萌芽。公元前 21 世纪，夏王朝建立。夏朝开始使用青铜器，有规则地使用土地，并开始修建城郭沟池、宫室台榭。商（前 17 世纪 ~ 前 11 世纪）灭夏，在以河南中部和北部为中心，包括山东、湖北、河北、陕西的一部分地方建立了一个文化相当发达的奴隶制国家。商朝推行井田制，促进生产力发展；迄今发现保存最完整的汉字——甲骨文，也是这一时代的产物。商首都曾多次迁徙，最后建都于“殷”（今河南安阳附近），因此商后期又称为殷。前 11 世纪，周族灭殷，其疆域西至甘肃，东至辽宁、山东，南至长江以南，超过商朝。为巩固统治，周初分封王族功臣到各地建立诸侯国，各受封诸侯国也相继营建各自的国都和采邑。周代经历大约三百多年，于前 770 年迁都到洛邑（今河南洛阳），是为东周。东周前半期史称“春秋”时代（公元前 770 ~ 前 476 年），后半期称“战国”时代（公元前 475 年 ~ 公元 589 年）。

周代在经济文化方面继承了商代成就，畜牧业与农业明确分工，农业稳定发展，集中于台地、濒水而居的聚落方式变为于大平原上铺开的方式，先民的居住地域由此得到极大扩张。春秋战国时期，铁器的应用和牛耕的推广，为人们开辟山林，兴修水利带来方便，同时更推动了农业生产发展，井田制“千耦其耕”的集体劳动形式过时，单家独户的封建农业经济形式逐渐形成。社会阶层在这一时期进一步分化，出现了代表社会良知的深层文化主流——士阶层。春秋战国时的诸子百家形成不同理论体系，呼吁富于理性价值的审美取向，最早的审美命题“参天地，赞化育”随之产生，标志着强调人与自然的和谐的中国古代环境观在这一时期基本定型。

2.1　聚落环境艺术

以人居环境为始的中国古代环境经营，极为注意房屋、聚落与自然环境之间的关系。在古人的环境观念中，自然生态环境与人的自然及社会生存状态是密切关联的，如《尚书》中记载的“适山兴王”，“背山临流”等，体现了原始的山水崇拜，认为良好的自然环境能促进族群的繁荣（图 2–1）。先民很早就关注天地方位的意义，在建立起对南北方位的认知与重视的同时，还把辨方正位同察山相土结合起来，进而确定建筑、聚落环境的位置与朝向。如《诗经・小雅》里庆祝王宫落成的颂诗——《斯干》，开头便描写出王宫所处的环境：“秩秩斯干，幽幽南山”，显示了靠近涧

图 2-1　《尚书图解》中的“适山兴王”

水，面对青山的建筑配置，反映了水源和景观在选址中的重要性。从河南安阳小屯村商朝宫室遗迹位置也可看出早期聚落的选址模式和环境特征，这里洹水自西北折而向南，又转而东去，小屯村正位于洹水南岸的河弯处，整个聚落呈现出靠山面水的格局，河流环绕着聚落，反映了殷人营建的选址模式和良好的环境特征（图2–2）。

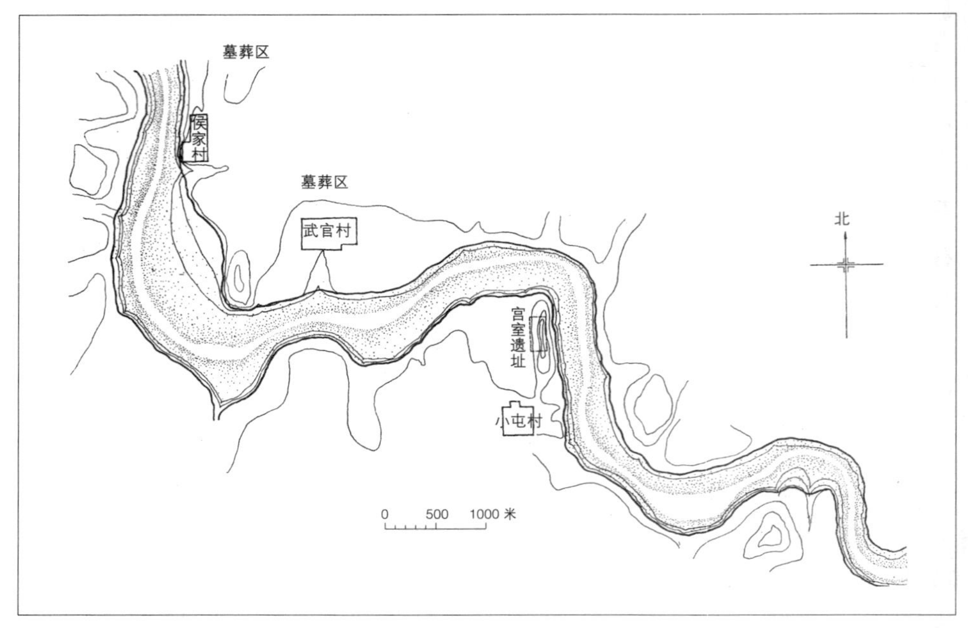

图 2-2 安阳小屯村商朝宫室遗迹

在这种选址及环境规划的实践当中，积累了后世被称为“风水术”的大量环境设计经验。“风水”，也称“相地”，是中国古人对周围环境进行研究，体会了解环境面貌，寻找具有良好生态和美感的地理环境的方法。古代的民间风水师往往起到今天城市规划师的作用。在因地制宜地经营宅居环境时，风水理论主张“人心巧契于天心”，结合自然环境包括其山川胜景，巧加人工裁成并“通显一邦，延袤一邦之仰止，丰饶一邑，彰扬一邑之观瞻”。正是在这一意向下，遍布中国的城市、村落、住宅、宫宅、园囿、寺庙以及陵墓等，深深植根并融洽于各地方文化中，无不鲜明显现出建筑人文美与山川自然美有机结合的隽永意象，成为中国传统环境艺术的显著特色。当代杰出科学史家、英国学者李约瑟（Joseph Needham）也曾指出：“风水对于中国人民是有益的……虽然在其他一些方面，当然十分迷信，但它总是包含着一种美学成分。遍及中国的田园、住宅、村镇的景观美不胜收，都可由此得到说明。”

最早关于相地选址的记载为周族祖先公刘和古公亶父根据阴阳选择依山傍水的平原建都。《诗经·大雅·公刘》记载：“逝彼百泉，瞻彼溥原”，“既景乃冈，相其阴阳”。与此相类似，《周礼·地官》也有建屋立舍要“辨其山林川泽丘陵坟衍之名物”，“以相民宅而知其利害”等等，都是先民运用风水术对自然生态、地理特征进行考察，以获得最佳居住环境的实例。春秋时建的阖闾大城（今苏州城）也是通过伍子胥“相土尝水”而后决定其位置的，苏州城址的千年不变显示了风水相地的意义和优越性。

2.2　城市环境艺术

营国制度

如果说风水术关注的是人造环境与自然环境之间的和谐与呼应，那么《周礼·考工记》中所记载的西周洛邑王城“匠人营国……方九里，旁三门，国中九经九纬，经涂九轨，左祖右社，面朝后市”的记载则是按照社会管理、政治活动等需求，建立起了一个与社会生活秩序相联系的城市空间格局（图2–3）。在“普天之下，莫非王土”和“居天下中，以抚四夷”的思想下，王宫要建在国都中心，或城市中轴线上，宫中主要殿堂的形制和体量都要最高大，并由其他次要门、殿围绕与烘托，以显示它的中心主导地位。它左右对称、前后有序、宫城居中、划分整齐，不仅满足行为上的要求，也反映了符合儒家思想的礼制精神的需求。

图 2-3-a 《尚书图解》中的“太保相宅”，体现了西周洛邑王城的选址过程

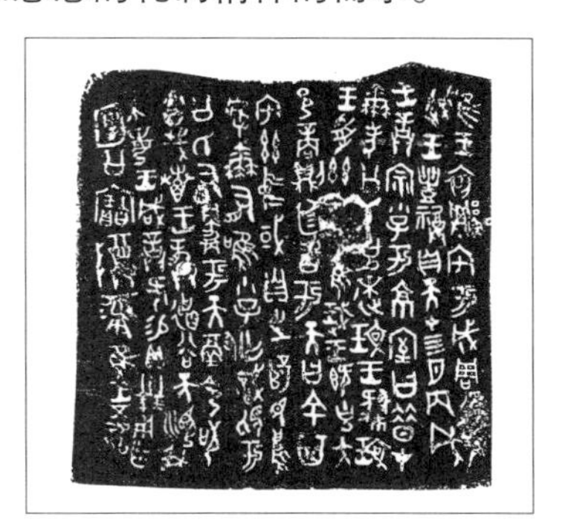
图 2-3-b 记载了洛邑城选址的金文，是已发现最早的关于相地选址的文字资料

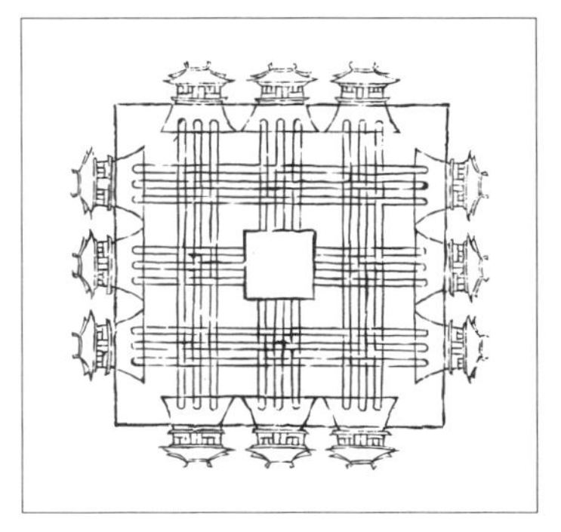
图 2-3-c 《三礼图》中的周王城图

在尺度的确定上，《考工记》要求："室中度以几，堂上度以寻，野度以步，涂度以轨。"以人体尺度来控制从室内到室外的环境尺度。在道路尺寸的确定上，则要求"经涂九轨，环涂七轨，野涂五轨"，即道路宽度有分级，市内宽，环城窄，城郊更窄。还规定"环涂以为诸侯经涂，野涂以为都经涂"，即诸侯城的经纬宽度只相当于王城的环涂宽度，大者不得过王城三分之一，中五分之一，小只九分之一，显示了儒家伦理规矩对都城制度的约束。

此外，营国制度各种数量的规定一般都用奇数，并在一些最高等级上使用最大的阳数"九"，如整个国都"方九里"；最高等级的道路"经涂九轨"；宫殿区的划分"内有九室，九嫔居之；外有九室，九卿朝焉"，为这种建造模式蒙上一层神秘数字的色彩。

《考工记》的营国制度，把实际生活的需求、礼仪活动的要求、形式上的美感和巫术上的效用等几个方面非常严整地结合在一起，融合多方面功能的综合性和严整性，从而成为对中国以后的都城建设具有持续而深刻影响的建造模式。

2.3 建筑环境艺术

2.3.1 单体建筑环境

在商代遗留下来大量的甲骨中，与建筑相关的文字呈现出一个共同的特征，即采用了象征屋顶的宝盖头，这基本是坡屋面的写实图形，从而说明了坡屋面是殷人建筑意象的基本要素，也大体展现出殷代的整体建筑风貌。而战国土出铜器刻绘纹样则显示了周代宫室建筑屋顶皆为四坡式样，也出现方形攒尖（图2-4）。从陶器发展而来的制瓦技术得到应用，重要建筑如宫殿、祠堂等屋顶已全部铺瓦，并出现了半瓦当，建筑就此脱离了原始聚落中"茅茨土阶"的简陋状态（图2-5）。

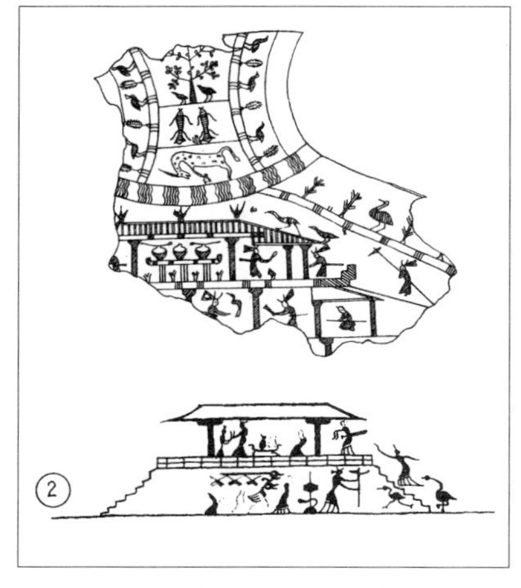

图2-4 战国鎏金铜器上的建筑形象

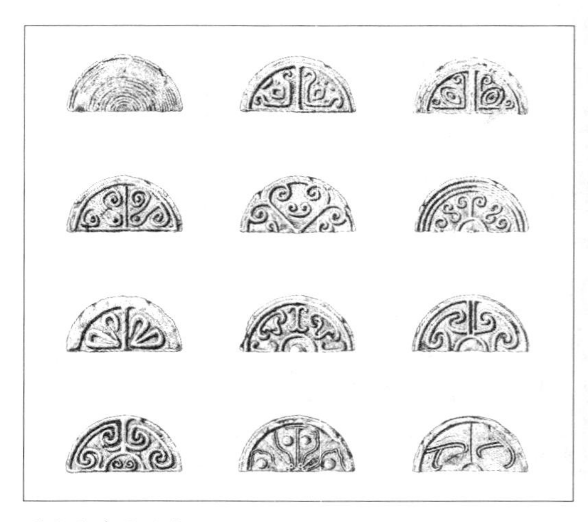

图2-5 东周瓦当

从出土铜器上，还可见到柱头坐斗的形象，反映了中国古代木构建筑形象在此时已较早地定型。建筑下部台基在西周时高度仍低，经春秋至战国，形成以夯土堆筑高数米至十几米的土台，其上再建殿堂屋宇，周围用空间较小的木构建筑环包，高下错落，形成复杂壮观的建筑群体——高台建筑（图2-6），这是在木架结构尚不发达条件下建造宏伟体量建筑的办法；而高台建筑的兴起也是原始的灵魂观念逐渐演化为王权或政权象征的反映。

图 2-6 战国青铜器上所刻高台建筑

按照中国古代观念，建筑同舆服、器物一样，是礼制的一部分，起到定尊卑、明贵贱的作用。而不同等级的建筑群，其装饰做法都会遵照一定之规而有所差异，包括纹样、色彩、材料等。一般情况下，等级低下的建筑物多显现材料的本色，不用或少用敷色，等级较高的建筑物用色丰富。但是一些最重要的礼仪建筑为体现庄重肃穆，又往往采取较简单的形体和质朴的纹饰色彩，就是所谓的“至敬无文”，“大圭不琢”。西周宫殿遗址中，建筑墙面内外都加以白色粉刷，表面平整光洁，地面则涂以黑色。柱上色彩也反映着建筑等级制度，如“楹，天子丹；诸侯黝；大夫苍；士黈。”

与此同时，高等级的建筑如宫殿、公卿祠堂及贵族府第都已开始利用图画、纹饰来进行装饰，例如殷纣时期“宫墙文画”、“锦绣被堂”，孔子在明堂观礼中所见的“睹四门牖，有尧舜之容，桀纣之像，而各有善恶之状、兴废之戒焉”，春秋时著名的“叶公好龙，室屋雕文，尽以写龙”等，显示出中国古人较早地意识到运用绘画等环境艺术，来赋予建筑环境以特定意义，使之更加合乎自身的精神需求的做法。

2.3.2　建筑群体环境

院落是中国古代组织建筑群体空间的重要方式。院落，也称庭，《诗经·斯干》有专门的描绘：“殖殖其庭，有觉其楹，哙哙其正，哕哕其冥，君子攸宁。”反映出中国古人对建筑环境的审美观念：院子平整方正，柱子高大正直，房间白天宽敞明亮，晚上安静黝暗，易与自然环境亲和，形成静谧安定的环境氛围。

院落空间的形成有悠久的历史。我国最早规模较大的宫殿遗址——河南偃师二里头的商代早期宫殿，就充分展现出院落空间的重要性：大型殿堂座北朝南，位于轴线尽端，殿前有广大的院落，前视空间宽阔，周围回廊环绕，气氛隆重庄严；大门和殿堂遥相呼应，有着不太严格的中轴线。随着人的行为分层的细微化，中轴线在仪式和行为组织上的特殊作用得到逐渐认识，促使人们不断延伸中轴，进行空间整合，沿中轴线分层布置适应不同活动要求的建筑空间。

陕西岐山凤雏村的西周宫殿遗址，是这种院落布局沿中轴线进一步发展的成果。轴线上依次排列着影壁、大门、前堂、后室，院落四周檐廊回绕，已形成完整的四合院式，构图均齐对称，中轴线上的“堂”一再被强调，体现出明确的内外尊卑关系，成为中国传统建筑环境的重大特色之一（图 2–7）。

西周时期，先民已能娴熟地利用中轴线的纵深构图及门、广场等外部空间节点，来组织大规模的建筑组群，在不同区段创造出不同的氛围，有机组合，达到富于感染力的环境艺术效果。在都城洛邑，宫城居于王城中央，沿城市中轴线，诸多的“门”和“朝”（广场）及殿堂顺序相连，这一制度通常称为“三朝五门”，自周代形成后，两千多年传承下来，其基本构成没有变化，初步确立了宫殿的总体格局。而由于宫室本位的意识，这种组合方式被后世普遍地用于住宅、佛寺、坛庙、衙署当中，体现出极强的普适性。

图 2-7 凤雏村的西周宫殿遗址

与凤雏村的西周宫殿大体同时，这种合院式空间构成也在《诗经·国风·著》篇对民间婚礼场景的描写当中显现出来：

> 俟我于著乎而，充耳以素乎而，尚之以琼华乎而；俟我于庭乎而，充耳以青乎而，尚之以琼莹乎而；俟我于堂乎而，充而以黄乎而，尚之以琼英乎而。

这里反映的是当时上层阶级的住宅：诗中“著”、“庭”、“堂”三字分别表示了门与屏之间的过渡空间、庭院及正式的建筑空间。联系传统的阴阳五行说，白、青、黄的色彩序列的象征意义正与建筑空间序列相适应，当婚礼的序列从著行进到堂，新婚夫妇也从白色的青春爱情走向黄色的白头偕老的最高祝福，生活和建筑环境在这里达到了统一，也从侧面反映出合院式环境与民族文化心理的密切关联。

沿着这一方向，院落式布局的住宅在春秋时期发展得更为成熟，据《仪礼》所记载的士大夫住宅制度，其大门为三间，中央明间为门，左右次间为塾；门内为庭院，上方为堂，是生活起居、会见宾客、举行仪式的地方；堂的左右为“厢”，堂后为“寝”，呈现出类似“前朝后寝”的格局，反映了为伦理教化而服务的居住环境。这种由门、塾、堂、厢组成的住宅形式，相沿至汉无大改变（图 2–8）。

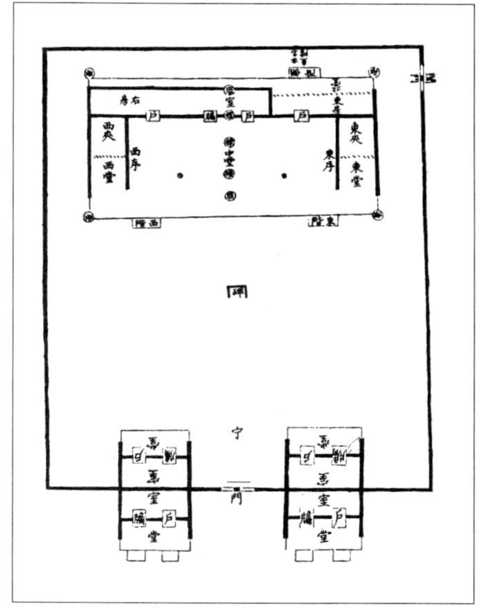

图 2-8　清代张惠言《仪礼图》中的春秋时期士大夫住宅图

2.4　中国古代园林化环境的起源

2.4.1　物质起源

中国古代的园林化环境起源于“囿”。囿是王室专门集中豢养禽兽以供田猎的场所，范围广大，内有成行成畦栽植的树木果蔬，以及人工开凿的沟渠水池。囿内有“台”，可用于观天象，通神明，其游观功能逐渐上升，可登高远眺，成为景观楼阁的前身。

园林的起源还包含种植果木菜蔬的“园”、“圃”，百姓住宅前后常开辟园圃，有界定的四至。如果将囿看作是皇家园林的前身，圃则更能代表普通人生活中的园林化环境。

见于文献记载最早的皇家园林环境为殷纣王修建的“沙丘苑台”。苑台中的“苑”也就是“囿”，其中“置野兽蜚鸟”，已不仅是圈养、栽培、通神之处，也是略具园林雏型格局的观游、娱乐场所(图 2–9)。

公元前 11 世纪，周文王在丰京城郊建成著名的灵囿、灵台、灵沼，三者鼎足毗邻，规模宏大，初步显现了中国园林的山水整合模式。《诗经・大雅・灵台》有对它的具体描写：

> ……王在灵囿，麀鹿攸伏。麀鹿濯濯，白鸟翯翯。王在灵沼，于牣鱼跃。虡业维枞，贲鼓维镛。于论鼓钟，于乐辟雍。于论鼓钟，于乐辟雍。鼍鼓逢逢，矇瞍奏公。

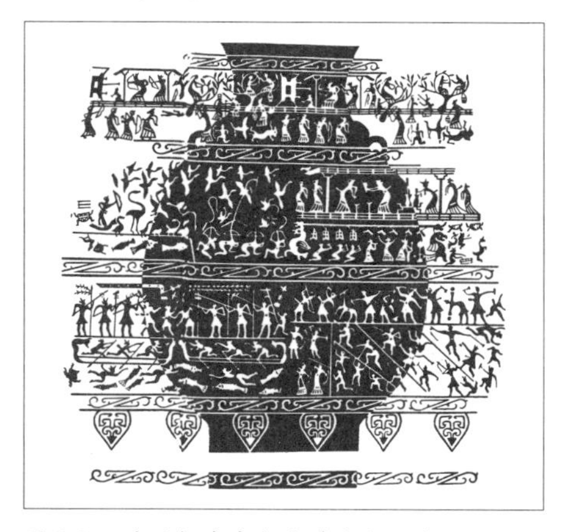

图 2-9-a　战国铜壶宴享渔猎攻占纹展开图

图2-9-b　战国鎏金铜器人物屋宇鸟兽纹

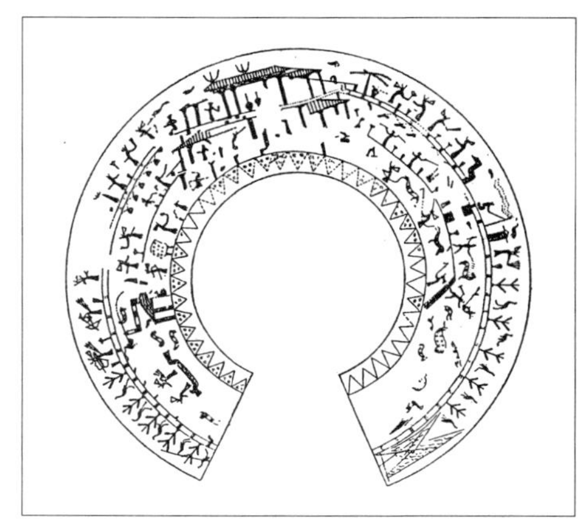

图2-9-c　战国铜鉴图案

在这里，辟雍——台是园林主体，直到魏晋时期，这种以台为中心的园林空间处理手法一直得到普遍运用。辟雍周围被状若圆形玉璧的水池环绕，自成一体，这种“一水环一山”、“一池环一台”的形式是当时人们对昆仑神话崇拜的体现（图2-10）。按《山海经》等的描写，昆仑山可通达天庭，其上居住仙人，人若登临山顶则能长寿不死。这一神话对早期园林模式有重要影响，并由此开创了山水组合的园林设计方法，确定了中国古典园林以山水表现为主的艺术方向。

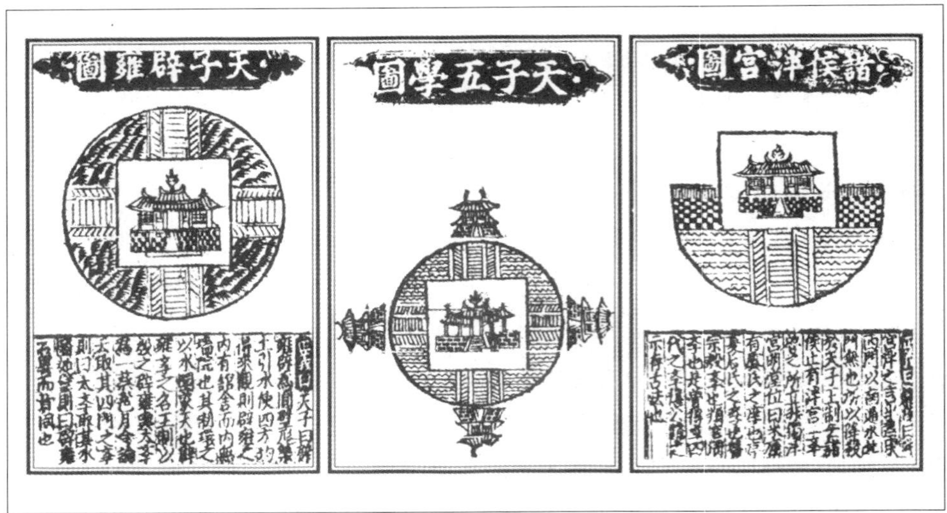

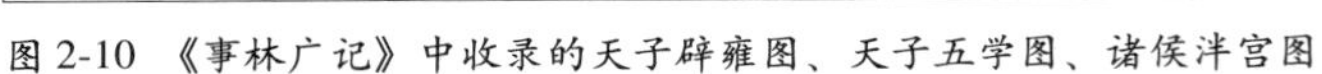
图 2-10 《事林广记》中收录的天子辟雍图、天子五学图、诸侯泮宫图

2.4.2 精神起源

先民对自然环境生态美的认识成了古典园林环境的精神起源。《诗经》中的“秩秩斯干，幽幽南山。如竹苞矣，如松茂矣”就反映出人们对于自然美的明确意识，而在“君子比德”的思维方式观照下，人们进一步把优美的自然物和社会的人及其道德情感相联系，例如《论语》中的“智者乐水，仁者乐山”，将仁者、智者的品性分别与山的坚韧、水的灵动相喻；又如屈原的作品当中，以善鸟香草配于忠贞，以虬龙鸾凤托为君子，以云霓隐喻小人，等等。这样，中国古代园林中的一山一水、一草一木，乃至整体园林的营造及审美就始终和人的精神世界具有着千丝万缕的联系，成为古人精神栖居的园地。

“天人合一”的思想则是深刻影响中国古典园林环境的形成与发展的另一重要因素。它认为在社会人事与天象、自然界的变异间存在着互相感应的关系，反映在自然观当中，则是强调人与大自然的协调，保持两者之间的亲和，从而赋予人们朴素的环境意识，即尊重并保护自然环境。

周代对生态环境的管理已形成制度化，《周礼》载："掌山林之政令，物为之厉，而为之守禁……凡窃木者有刑罚。"先秦儒家学说中也已有维护大自然生态平衡、保护植物和动物的主张，例如《荀子·王制》谓："草木荣华滋硕之时，则斧斤不入山林，不夭其生，不绝其长也。"在天人谐和的哲理主导和生态环境意识的影响下，中国古代园林环境内的林木泉石、鸟兽禽鱼一直保持着顺乎自然的状态，并沿自然风景式的方向发展下去。这也正与西方造园传统形成鲜明对照，后者在理性主义哲学的主导之下崇尚"理性的自然"和"有秩序的自然"，从而走上了几何规则式的发展道路。

复习思考题：

1.先秦的建筑环境艺术是如何体现出等级观念的?

2."天人合一"这一理念在先秦的聚落、城市及园林化环境当中分别得到怎样的体现?

第3章　秦汉的环境艺术

秦和西汉，国家统一、国力充实，兴建了大规模的城市、宫殿、坛庙、陵墓、苑囿等，其规模空前绝后，气势宏大。古代环境艺术得到充分施展的天地和实践机会，发展迅速，风格雄浑朴拙，表现出艺术史发展前期的风貌，是中国古代环境艺术发展的第一个高潮。

3.1　城市环境艺术

都城营建

延续原始社会以来参照宇宙天象创建人为环境的传统，春秋时期的城市经营也普遍遵循这一规律。秦始皇统一中国之后，更以空前绝后的规模与宏大的气势，进行了仿效广大天地宇宙的大咸阳都城规划（图3–1）。据《三辅黄图·咸阳故城》记载，秦始皇“筑咸阳宫，因北陵营殿端门四达，以则紫宫，象帝居。引渭水灌都，以象天汉，横桥南渡以法牵牛”。即以原咸阳宫为中心，参照天空星象，循南北轴线，在渭河两岸展开多个规模空前的宫苑群，如信宫、上林苑、兴乐宫、阿房宫等等。这些宫苑集群的环境秩序与天体星象一一对应，突出了咸阳宫总绾全局的主导地位，体现了人间皇帝的至高至尊，是环境艺术处理的大手笔。

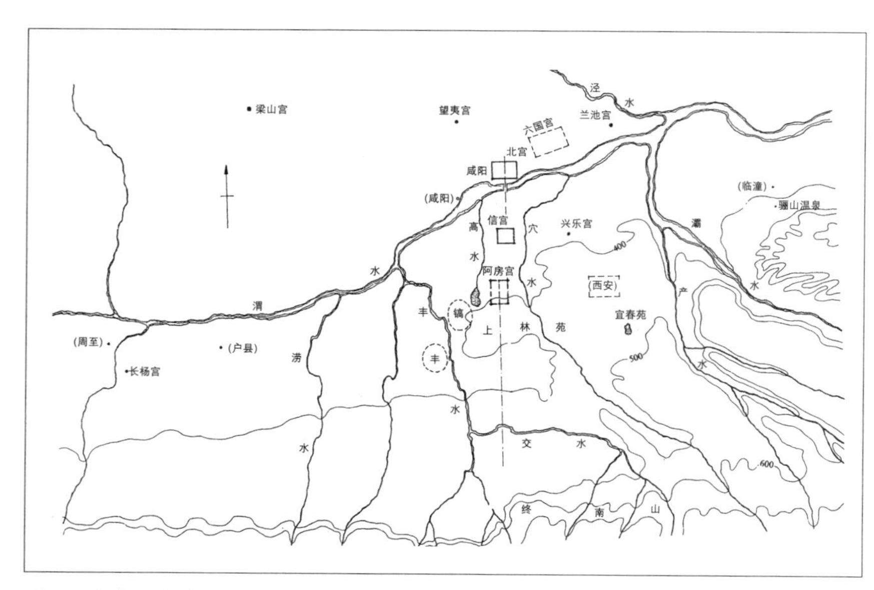

图3-1 秦咸阳宫苑分布

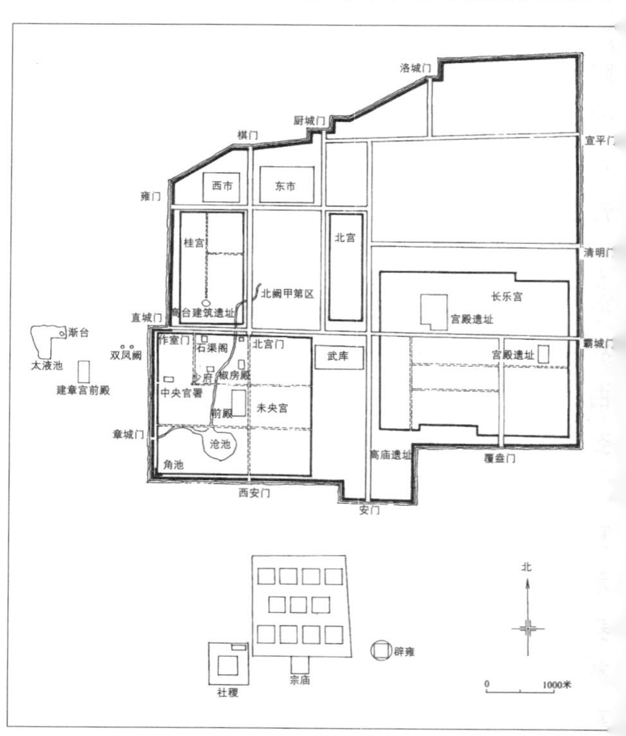

图3-2 汉长安城市总体布局示意图

西汉长安城则采取相对简单的另一种办法，以求易于与具体地形、地貌和内部功能组织要求相结合，但整体意象仍着重体现与宇宙天象的对应（图3-2）。长安南北两面城墙筑作南斗、北斗形，呈现出“斗为帝车。运于中央，临制四方”的观念。又将最重要的宫殿——未央宫放在整个城区的西南方位，即“坤”方。天之紫微因其在天而与“乾”对应，人之宫阙因其在地而与“坤”相通，这一处理赋予了人与天进行沟通的可能性。而将宫殿、官署、市场、居民区置于同一大城之内，也较秦咸阳松散的布局更为紧凑。住宅在城市当中也不是孤立的存在。《周礼·地官·司徒》中有“五家为比，十家为联”，提到了古代社会与建筑空间的一种最早的组合方式，到汉代发展形成闾里制度，即在居住区进行规整的聚落划分，由若干宅舍构成“里”，每一闾里设“弹室”，外由高墙围筑，控制居民。这不仅是一种特殊建筑空间组织方式，而首先是古代社会一种行之有效的社会组织方式，并具有一定的军事意义。这种以“里”为基本空间与社会单位，分割土地，建立宅舍，作为中国古代城市规划的基本理念与一种规划模式，一直延续至唐代，并对后世城市产生一定的影响。

3.2 建筑环境艺术

3.2.1 单体建筑环境

秦代宫室仍以高台建筑为主，主要为单层，斗拱发育尚不成熟，出跳长度受限，屋顶低平，出檐不大，列柱间距依循“跨不逾高”的原则。然而其整体规模却极为恢宏，秦时阿房宫，前殿。“东西五百步，南北五十丈，上可以坐万人，下可建五丈旗”，前殿所在的夯土台若按《史记》所记尺寸折合，其长、宽、高约合750米、116.5米、11.65米，蔚为壮观。

汉代木构架建筑渐趋成熟，风格朴质厚重。一般有较高台基，屋顶出檐很深，檐下有挑梁。外端重叠多层斗拱，经艺术处理，起到一定的装饰作用。外观所见的柱、楣、门窗、梁枋、屋檐都横平竖直，是三维方向直线的组合，没有曲线，和唐以后的凹曲屋面、起翘屋角完全不同。建筑风格端庄、严肃、雄劲、稳重。汉代屋顶形式较为多样，有两坡悬山、四坡庑殿、攒尖及囤顶等（图3-3）。木构高层建筑也已经出现，（图3-4）上林苑建章宫内的高层建筑更是空前绝后，例如高五十丈、二台连属的神明台、井干楼，高二十丈的铜仙承露盘等等，这与西汉风行的“求仙”思想有着不解之缘。随着制砖技术和拱券结构的成熟，砖石建筑在汉代得到突飞猛进的发展，以石墓、墓阙、墓祠、墓表以及石兽、石碑等为主（图3-5）。著名的有四川雅安东汉益州太守高颐墓石阙和石辟邪等，代表了汉代石刻艺术的杰出成就。

图 3-3 汉墓明器及画像石中的建筑形象

图 3-4 汉墓出土望楼明器

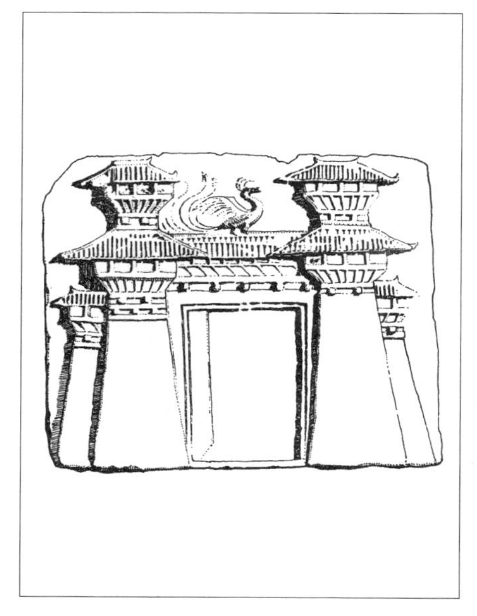

图 3-5-a 汉画像砖中的阙

图 3-5-b 四川雅安县高颐墓石阙

在建筑装饰方面，汉朝所用的花纹题材大量增加，大致可分为人物、几何、植物、动物四类，以彩绘与雕、铸等方式应用于地砖、梁、柱、斗拱、门窗、墙壁、天花和屋顶等处（图3-6-a、b、c）。色彩方面，继承春秋战国以来的传统，是显现等级之别的重要手段，如宫殿的柱涂丹色；斗拱、梁架、天花施彩绘，墙壁界以青紫或绘有壁画；官署则用黄色，等等。此外还有以梅杏为梁、香桂为柱、红粉泥壁等记载，意在取其天然纹质之美或气味芬芳，是颇为别致的建筑环境装饰方法。

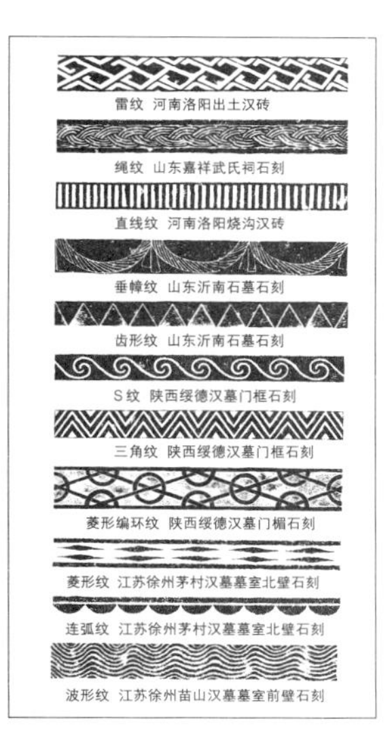

图 3-6-a 几何纹样

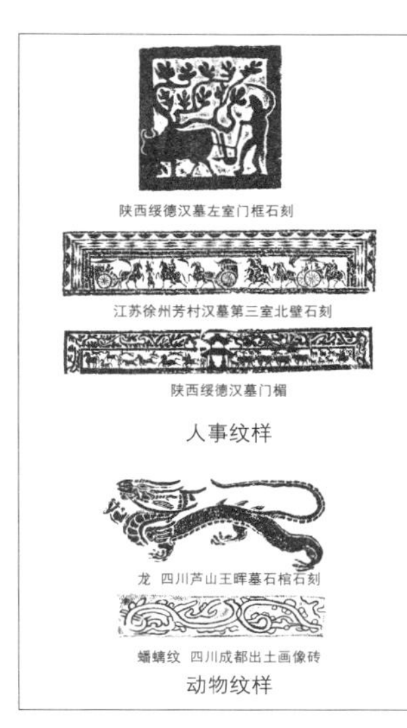

图 3-6-b 人事、动物纹样

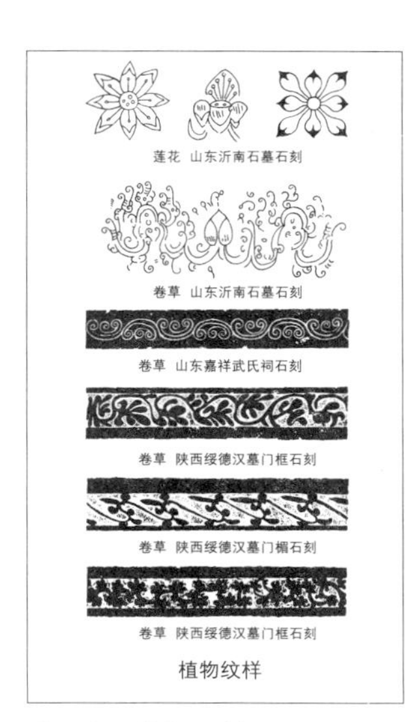

图 3-6-c 植物纹样

与时代精神相辅相成，秦汉壁画以丰满的布局和穷天极地、囊括古今的充实内容，体现出极富丰盈之美的环境艺术特征。发现于咸阳秦宫的壁画五彩缤纷、鲜艳夺目，而又以黑色比例最大，反映出秦代崇尚水德的观念。亭台楼榭、植物花卉、车马冠盖、乐舞宴饮，都是表现题材。西汉进一步提倡绘画为政教服务，在未央宫承明殿壁画绘屈轶草、进善旌、诽谤目、敢谏鼓，藉以标榜吏治清明；鲁灵光殿内壁画图绘历史故事，以资成败得失的鉴戒；麒麟阁内绘制著名功臣图像于壁上，作为广大臣僚励志的楷模，等等，其中也不乏神话题材（图 3–7），均生动地调动人们的感官知觉和联想，引导人们关注建筑环境的精神意义与内涵。

3.2.2　建筑群体环境

和秦咸阳的规划相似，当时的建筑群体也往往是按照天体星象的位置一一对应营建。《史记・秦始皇本纪》中“（阿房宫）表南山之巅以为阙。为复道，自阿房渡渭，属之咸阳，以象天极、阁道绝汉抵营室也”，其中的天极、阁道、营室均为星座名称，天汉即银河，秦人根据星位，在咸阳宫南的渭水架设复道，过渭水之南建阿房宫，以形成天地譬喻的情况，从而为建筑格局的设立找到最神圣的存在理由。

同样的做法在西汉宫苑也付诸实践。班固《西都赋》中就指出“宫室也，体象乎天地，经纬乎阴阳，据坤灵之正位，仿太紫之圆方”。上林苑最大的离宫建章宫的建筑组群亦沿南北轴线展开，与星象对应，在水平向上形成丰富的院落空间；皇家园林昆明池的营建，亦按昆仑神话，人工开挖了百余公顷的水面，内设豫章台；又于东西两岸分设牛郎、织女二像，作为银河天汉的象征，“集乎豫章之宇，临乎昆明之池。左牵牛而右织女，似云汉之无涯”。

图 3-7 西汉壁画

虽然这种仿天象的整体布局作为一种理想宇宙模式，在建筑群体环境当中得到鲜明的体现，然而夏商周三代以来的院落形式群体布局，仍以其鲜明的礼制秩序和理性精神，始终占据着群体环境构成方式的主导地位，并不断丰富其空间构成语汇。例如肇于东周的“阙”，即被用于汉代轴线纵深式院落群体的重要端点标志，如陵墓、大型住宅等，在水平向铺陈的空间当中，以其纪念性极强的形态起到“状观瞻而别尊卑”的作用。除前述沿纵轴线组织的四合院式空间外，另外一种称之为“明堂式”的空间组合方式在汉代礼制建筑中也发育成熟（图3-8）。这一构成有着十字形的纵横两条轴线，呈完全对称布局，具有庄严的纪念性，比例规则、和谐凝重，合乎人的正常尺度的形式美法则，对唐宋陵墓、北魏某些佛寺与后来各代坛庙建筑的平面布局有一定影响。

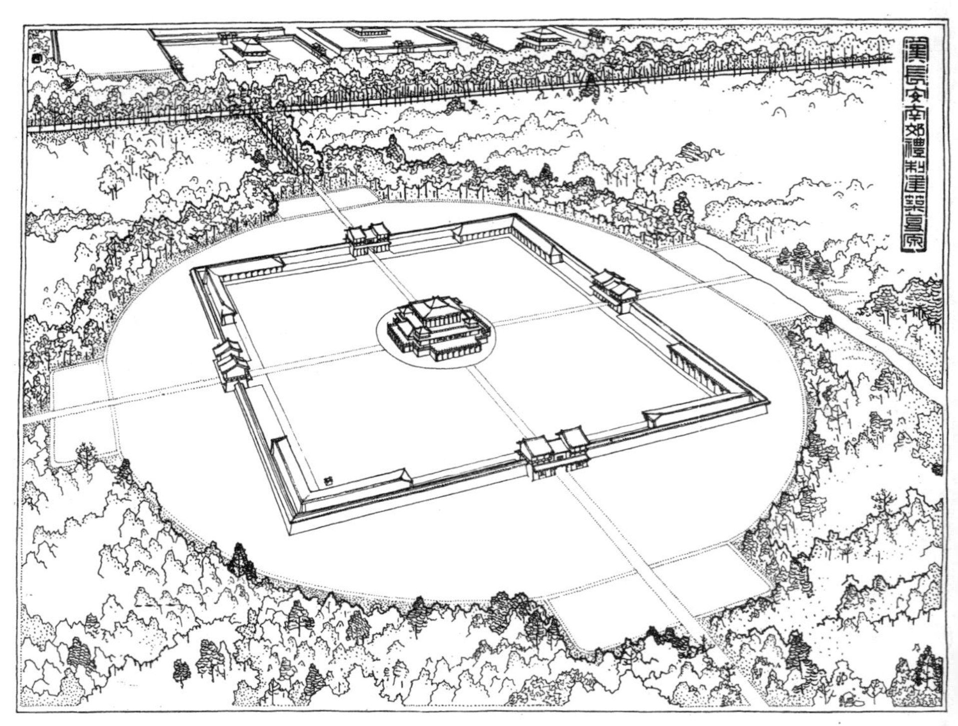

图 3-8 汉长安南郊礼制建筑复原图

受中国古代社会关注现实人生的实用理性精神影响，古代空间环境的经营讲求切合人体尺度。就居室而言，春秋时士大夫及贵族的居室普遍采用符合模数的尺度，所说的“丈室”、“方丈”等，是以“人形一丈，正形也”为标准的适于人居的居住空间，富有人际交流所需的亲切感。东汉王充《论衡》中曾概括：“宅以一丈之地以为内”，也是以“人形一丈”为标准而权衡的。

由此，“丈室”、“室”或“间”为基础构成的多开间建筑，并在十进制的控制下，采用“百尺”、“千尺”等大型建筑和建筑外部空间的控制尺度，组成了大型建筑、宅院或更大规模的建筑群。这种源自人体基准，从居室推演到外部空间的模数方法在中国古代环境设计中普遍应用，与指导当代实践的外部空间设计理论正相契合，反映出中国古人在这一领域的卓越成就（图 3–9）。

在具体规划设计中，还借鉴运用西周井田规划的基本观念和方法，尤其是“画井为田”的井字型或九宫型经纬坐标方格网系统的方法，使其由生产模式向生活模式转化。前文所述的“营国制度”，就是以“夫”为基本网格，“井”或“里”为基本组合网格，经、纬为坐标，中经、中纬涂为坐标轴线而构成的。中国古代的

图 3-9　符合人体尺度的古代建筑空间

城市规划、建筑大规模组群的平面布局、竖向设计及局部构成比例推敲，都曾运用这一经纬坐标方格网的方法达到极高造诣（图 3–10–a、b）。

战国中山王墓群出土的铜板“兆域图”中所反映的陵园规划，就是早期运用这一方法的实例（图3–11）。在上林苑“苑中苑”的空间规划中，宫殿建筑按若干组群集合散落，其间距则按车骑“休息结点”的格局布置，设计师按车马驰骋或射猎的合宜领域即 30 ~ 50公里设置了一类节点，形成“大分散”的节点格局，节点之间则为山川原野；另一类按车马缓行的愉快距离即5 ~ 10公里布置，形成

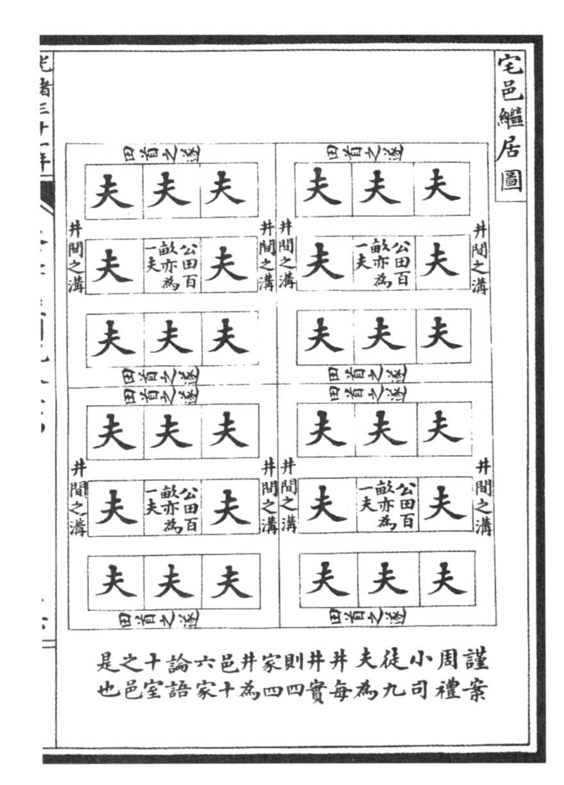

图 3-10-a　《钦定书经图说》中的宅邑继居图

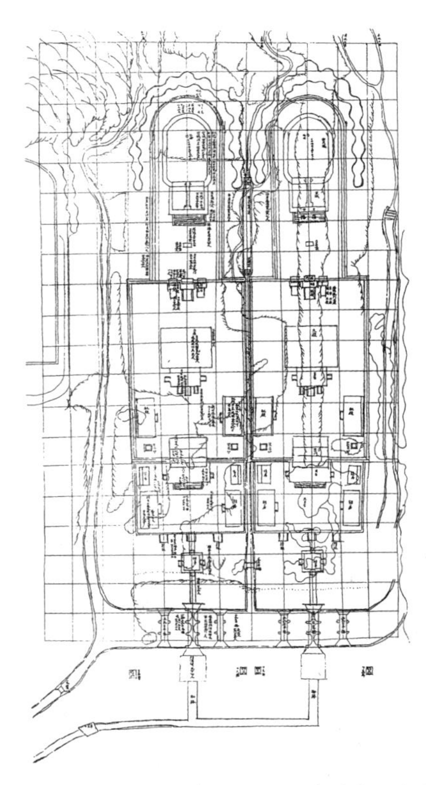

图 3-10-b　样式雷画样，同治十二年慈安、慈禧的定东陵设计方案图之一，体现出利用经纬格网进行设计的布局处理

“小聚合”的节点间距，这是为当时普遍应用、行之有效的成熟的苑中苑设计方法（图 3–12–a、b）。

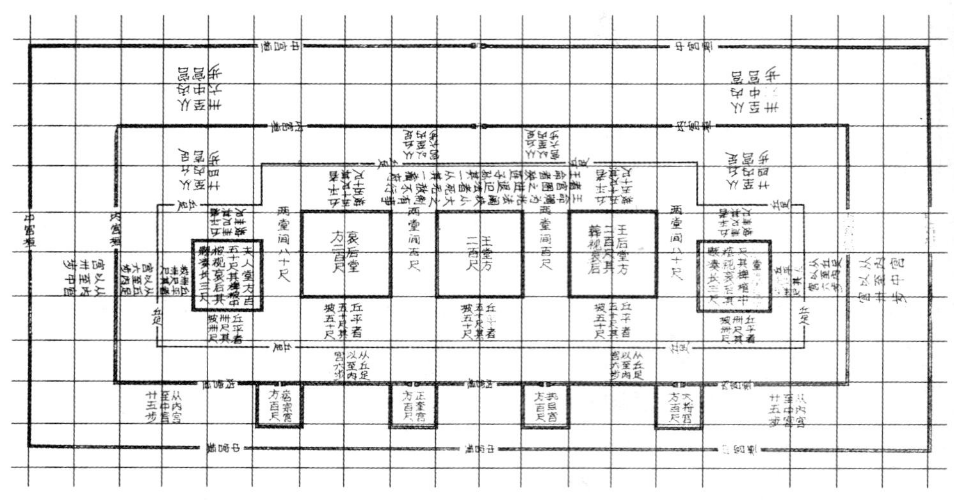

图 3-11 战国中山王兆域图

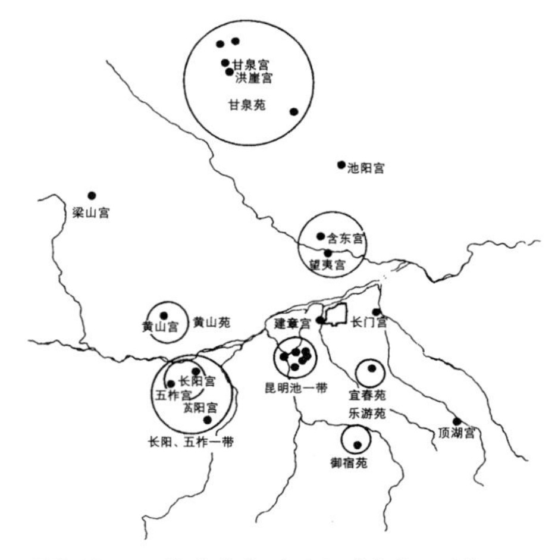

图 3-12-a 上林苑离宫别馆与“休息结点”布局

图 3-12-b 车马过桥（东汉）成都跳蹬河汉墓

3.3 园林环境艺术

3.3.1 皇家宫苑

秦汉宫苑是当时皇家园林的普遍称谓，“苑”指建置在郊野山林地带的离宫别苑，占地广、规模大。许多宫殿建筑群散布在辽阔的具有天然山水植被的大自然生态环境之中，呈苑中有宫的格局。这类皇家园林往往内涵广博、功能复杂，如像上林苑，除大量宫苑建筑之外，还有皇帝的狩猎区、御马的牧场以及庞大的工、农、林、渔业生产基地等，具备游憩、居住、朝会、娱乐、狩猎、通神、求仙、生产、军训等多项功能，是名符其实的多功能活动中心（图 3–13–a、b）。“宫”一般以宫殿建筑群为主，山池花木穿插其间；也有的把部分山池花木扩大为相对独立的园林一区，呈“宫”中有“苑”的格局。宫的营建或与天然山岳风景相结合，如甘泉宫；或完全由人工穿凿山水，莳花种木，如建章宫（图 3–14）。

兰池宫的营建依照战国以来流行的“蓬莱仙山”的神话，“始皇引渭水为池，东西二百丈，南北二十里，筑为蓬莱山”，是古代园林见于史载的首次筑山、理水之并举。出于对蓬莱神话所描绘的长生不老的神仙生活的神往，汉武帝也在建章宫内开凿太液池，堆筑三岛，象征东海的瀛洲、蓬莱、方丈三仙山，成为历史上第一座具有完整的三仙山的仙苑式皇家园林，开创了新的山水组合模式，并逐渐取代了昆仑神话“一水环一山”的格局，成为皇家园林当中延续千年而不辍的母

图3-13-a　汉代画像砖　弋射纹　四川成都扬子山出土

图3-13-b　汉代画像石　百戏舞乐图　山东沂南出土

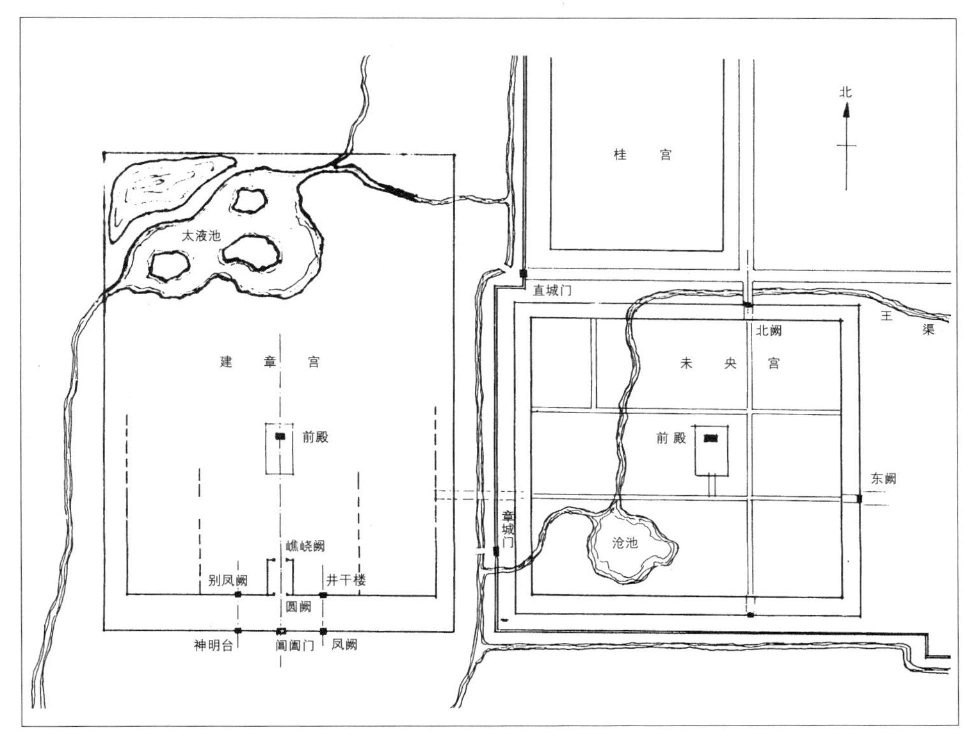

图3-14　建章宫平面设想图

题，影响及于清代。类似的还有秦代离宫——辽宁绥中万家镇南的“姜女石”建筑群遗址，位于近海的台地与岩岬上，三处临海行宫分别面对本区海域中最为壮观的海中巨礁——“姜女石”，以表达对东海三仙山的憧憬。这一带有对景意义的艺术手法是我国古代早期宫苑注重与自然环境相契合的明证。

秦代宫苑中尚无关于山石成景的记载，兰池宫内长达二百丈的巨大石鲸雕刻更多带有巫术的意义而并非景观。然而在堆筑岛山的反复实践中，汉代园林中已出现一系列山景，如《西都赋》中对太液池蓬莱三山构石的描写，“岩峻崷崒，金石峥嵘”。不仅构石为山，水边也以石砌成驳岸护堤。此外，与求仙的旨趣相适应，叠石而成的洞室也已出现。

在园林理水方面，汉武帝扩建上林苑时已将园林用水与城市供水结合考虑，纳入城市总体规划，通过园林理水来改善城市的供水条件。开凿昆明池，实际也建立起一个新的供水体系，保证了城市和宫苑供水，有效地利用了水资源。此后，历代首都均将皇家园林用水与城市供水结合考虑，隋唐长安、洛阳、北魏洛阳、南朝建康、宋开封、元大都、明清北京等率皆如此。良好的城市水系为城内外的园林提供了优越的供水条件，能够开辟各种水体，因水而成景，在一定程度上促进了园林理水技艺的发展。汉建章宫、未央宫都开凿大池作为园内主要景观，创造出宛若仙境的景象。东汉时，园林理水引进科学技术而多有机巧创新，例如西园中就有“激上河水，铜龙吐水，铜仙人卸杯，受水下注”的做法。

图 3-15-a 河北安平汉墓壁画

3.3.2 私家园林

西汉皇室贵族已开始经营大型私家园林，例如梁孝王的“园圃”和菟园，规模巨大，可比拟于皇家宫苑。园圃内已构筑假山，其形象摹仿崤山进行缩移摹写，以“十里九坂”的延绵气势表现崤山的险峻恢宏，这种以某处具体大自然风景作为蓝本的山水造景，已不同于皇家园林虚幻的神仙境界。构石在私园中也不少见，如“肤寸石”、“落猿岩”、“栖龙岫”等命名的景观。

高耸的楼阁在两汉宅园中较为普遍。“经亘数十里”的菟园内颇多建筑物，其中尤以高楼居多，规模十分可观，这既与“仙人好楼居”的神仙思想有关，在某种程度上也有着造景、成景的考虑。楼阁高耸的形象可丰富园林总体的轮廓线，成为园景的重要点缀，如“西北有高楼，上与浮云齐”，登楼远眺，还能观赏园外之景。从传世出土的东汉壁画、画像石、画像砖所刻画的建筑形象中，以高楼作为园林建筑的具体表现屡见不鲜（图 3–15–a、b），既可与西汉菟园的文字记载互证，也反映了东汉私家园林建造多层楼房的情况已较为普遍。

此外，大量画像石、画像砖还详细刻画表现了东汉私家庭园院落组合的空间形象及承担的丰富生活内容。图 3–16 表现了完整的住宅建筑群，庭院中蓄养着供观赏的禽鸟，右边较大院落为宅园，其中建置类似阙的高楼一幢。图3–17则描绘了住宅的绿化情况，图3–18表现的是庭院内正在演出杂技的情形。当时园林理水技艺也颇发达，私家园林中水景较多，往往把建筑与理水相结合而因水成景（图 3–19）。

图 3-15-b 山东曲阜旧县村出土的东汉画像石

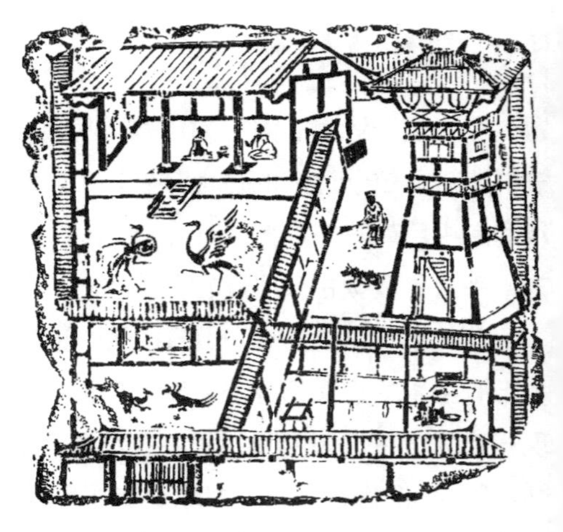
图 3-16 成都出土的东汉庭院画像砖

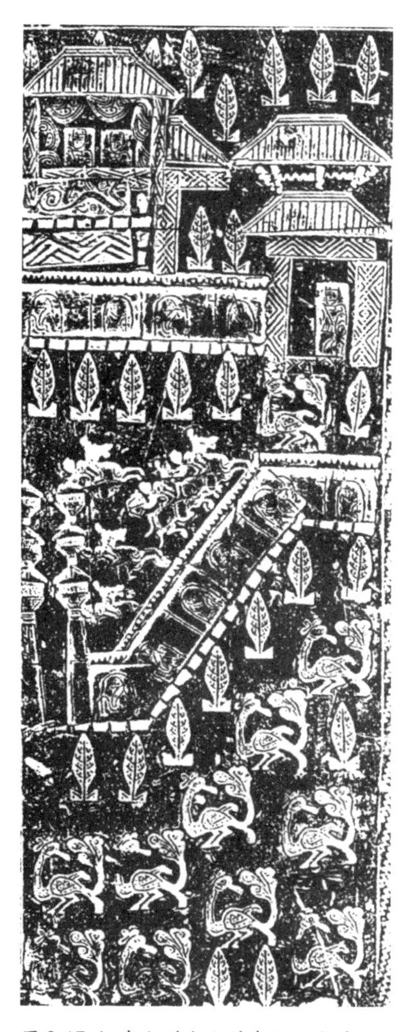

图 3-17 河南郑州出土的东汉画像砖

图 3-18 山东曲阜汉县村画像石

图 3-19 用悬臂梁承托悬挑，突出水面的水榭。可用于观赏水中游鱼嬉戏之景，具有明确而纯粹的景观功能

作为古代文人园的先型，东汉隐士仲长统所选择的自然山居环境平和宜人、朴实无华。在仲长统的描述中，理想的居住环境是“良田广宅，背山临流，沟池环匝，竹木周布，场圃筑前，果园树后”，这种自然清纯的环境正是士人所向往的隐逸生活的载体，转而更关注精神的适意，“蹰躇畦苑，游戏平林，濯清水，追凉风，钓游鲤，弋高鸿。讽于舞雩之下，咏归高堂之上”，承接了孔子与弟子议论中的“曾点气象”，表达出个体人格的独立精神，是理想的人工建置与大自然风景相融糅的天人谐和的人居环境。

复习参考题：

1.为什么说中国古代空间环境的经营是人性化的?

2.“蓬莱仙山”的神话对秦汉皇家宫苑的建置有怎样的影响?

第4章 魏晋南北朝环境艺术

魏晋南北朝(220～589年)是中国历史上引人瞩目的时期，这期间一方面是政治关系和社会生活的剧烈动荡，汉代数百年兴建的建筑成果，大都付之一炬，各王朝因忙于攻掠与自保，无暇大力营建，加上分裂割据，力量分散，故其建设规模和秦汉相比，大为逊色；另一方面却是整个文化领域中的异常活跃，人们的思想比较开放，对外来文化表现出包容和吸取的精神，国内各民族实现了第一次大融合，中西文化交流频繁，来自中亚、西亚、印度等地的文明都对中华文化产生了重要的影响，形成兼收并蓄，包罗宏富的文化盛会。佛教就是于此时初步隆盛，佛寺、佛塔及石窟作为新出现的环境构架，是人们朝拜的圣地和精神寄托之所，也是这一时期环境艺术成就的重心。文人阶层中则是儒、道、佛、玄诸家争鸣，彼此阐发，思想的自由解放促进了艺术领域的开拓，山水美学酝酿成熟，造园活动普及民间，园林环境的经营升华到艺术创作的新境界。

4.1 城市环境艺术

魏晋南北朝时期的城市环境经营表现出许多与以往不同的特点：以曹魏邺城(图4-1)为发展界标，城市空间结构在紧凑中追求统一；都城实行一宫制，按照阴

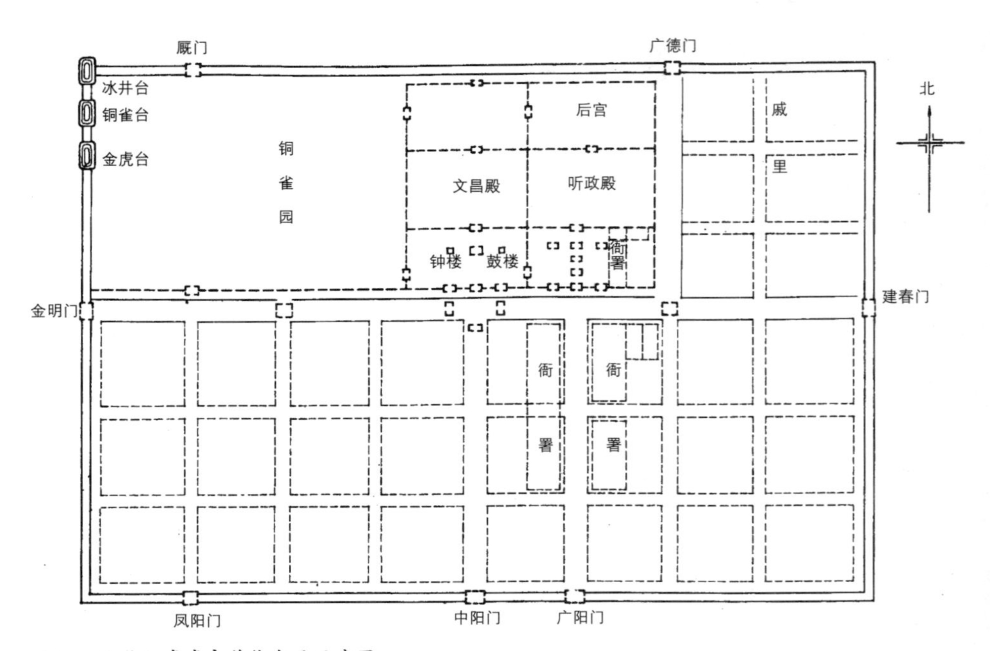

图4-1 曹魏邺城城市总体布局示意图

阳五行观念，将宫城置于城中或城北正中，相应中轴线也呈南北向，并将官衙、宅第、市坊、庙社等例按礼制沿轴线各就其位，尊卑有序，形成由宫城、皇城、外郭城（大城）组成的三重环套结构形态；城市中轴线由局部发展到全城，充分体现了天子“居中不偏”、“不正不威”的礼制等级思想。这种布局将官府、居民区、一般生产区与宫苑隔开，体现出儒家思想对中国古代城市环境结构广泛而深刻的影响。

与此同时，佛教思想的强有力渗入则带来佛教建筑的极大兴盛，成为这一时期城市的另一突出特征。魏晋南北朝佛寺及塔刹的兴建规模庞大，由唐代诗人杜牧“南朝四百八十寺，多少楼台烟雨中”的诗句即可见一斑；北朝佛寺亦多如牛毛，都城洛阳仅弹丸之地，也建有寺庙千余座（图4-2）。其中著名的永宁寺规模恢宏，塔刹据说高为百丈，虽然有一定的夸张，但其体量的高峻突出应是事实。寺塔的存在，虽然活跃了城市的天际线，但宏伟的佛塔打破了中国古代都市原本由宫殿控制的城市景观秩序：一方面，是以中轴线为枢纽，两侧尽可能对称布局，平铺展开，以充分展示宫殿为主要目的的皇权秩序系统；另一方面，则是突出高耸的体量，杂错于皇权秩序之中，游离于原有儒家礼制结构的佛教景观系统。为尽可能减轻寺塔对原有秩序的干扰，魏晋南北朝时期的城市逐渐进行了一系列形式上的新整合，大型寺塔在建设和布置上都尽可能地远离宫城和中轴线，与都城的主导秩序进行配合，因此，后世的古代城市中如高达百丈的永宁寺塔就不再出现。

这一时期，随着高层木构技术的不断成熟，楼阁对于城市的景观意义得到充分展现，江南许多城市在城墙或高地上建造楼阁，吸引人登临其上，作为游眺之所；或与水面结合，形成公共游览的城郊风景点。建康的瓦棺阁，是眺望长江壮丽景色的著名景点；东晋谢玄在浙东东阳江江曲所建的桐亭楼，则是“两面临江，尽升眺之趣，芦人渔子泛滥满焉”。它们标示出城市天际线，塑造了中国古代鲜明的城市景观。

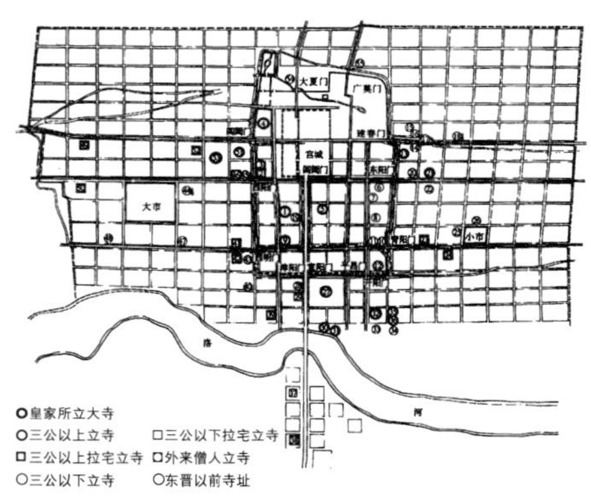

图 4-2-a　北魏洛阳佛寺分布示意图

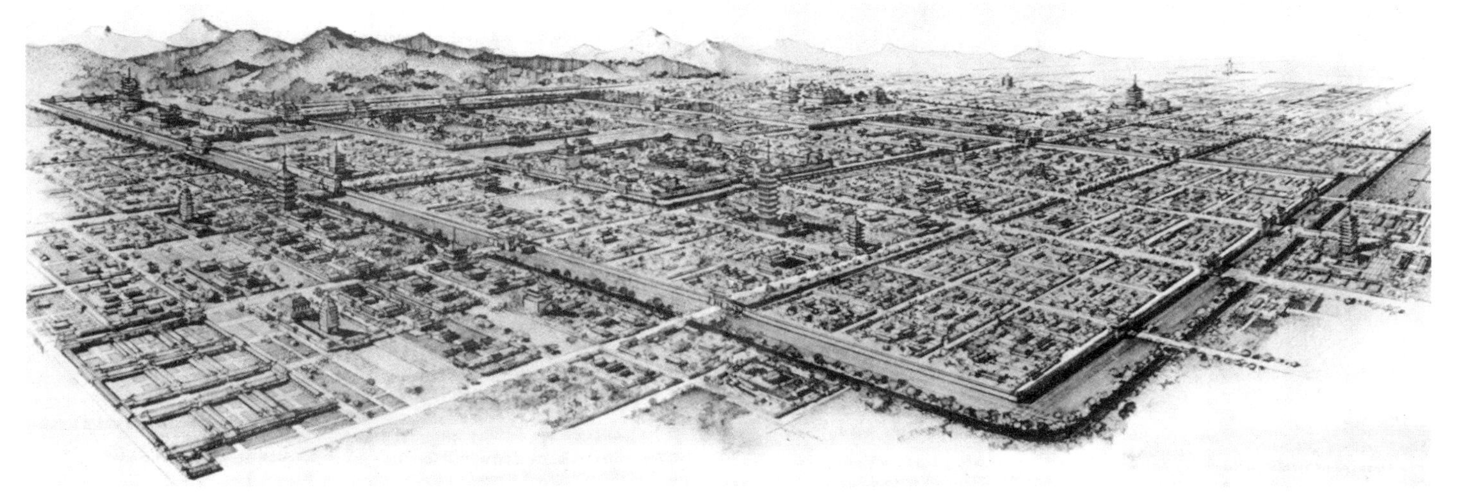
图 4-2-b　佛寺林立的北魏洛阳

4.2　建筑环境艺术

4.2.1　单体建筑环境艺术

南北朝中后期，建筑面貌和风格的最大的变化在于屋顶，屋面由原有的二维斜面变为下凹曲面，屋角微微翘起，檐口呈反翘曲线的屋顶，使巨大的屋顶在观感上有轻举上扬之势，减少了沉重、呆板、压抑之感，形成了最具特色的中国古建筑屋顶形式（图 4–3）。与之适应，建筑屋身部分的柱子出现了侧脚，各间阑额随柱子的升起而呈两端上翘曲线，建筑外观由横平竖直的直线和矩形组成变为由斜线、弧线等有细微变化的线和形体组成，风格由严整变为活泼。这一时期，来自西亚与中亚、波斯的琉璃工艺大大提高了中国原有的琉璃制造水平，形成了使得中国建筑美奂夺目的琉璃瓦顶技术，并成为较高等级建筑的形象特征。屋脊上的重要装饰构件“鸱尾”在南北朝时已相当普及，在富于装饰效果的同时，还带有“厌火祥”的意义。

于两汉间传入中国的佛教也带来前所未有的建筑艺术形象，塔即为其中之一（图 4–4）。对当时民众而言，佛即是来自西方的神仙，由于中国人普遍相信“仙人好楼居”，所以源自窣堵坡的作为佛的标志的塔，一进入中土，就与楼阁建立了十分密切的关系。在很多场合，塔成为中国的楼阁加上与窣堵坡有关的刹和相关装

图 4-3　南北朝建筑屋顶形式

饰而成。即使是与“天竺旧制”有密切关系的密檐式塔，也因其中国化的檐部处理，而较为自然地与汉地的既存环境结合在一起，如河南登封嵩岳寺塔。

图 4-4-a　北魏佛塔形象 云冈第 5 窟

图 4-4-b　云冈第 11 窟

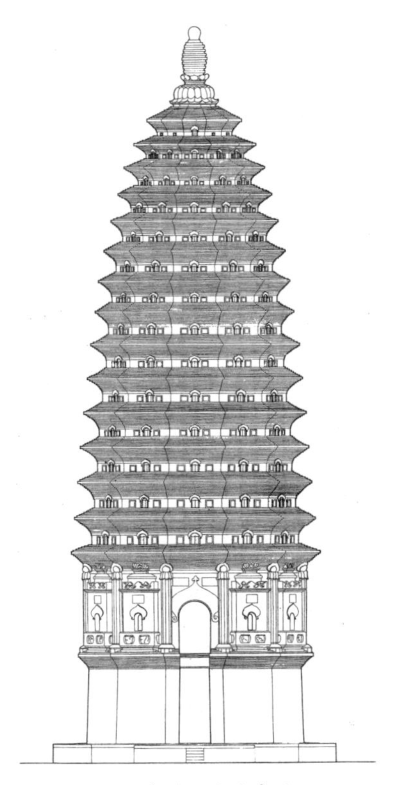

图 4-4-c　河南登封嵩岳寺塔

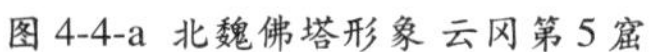

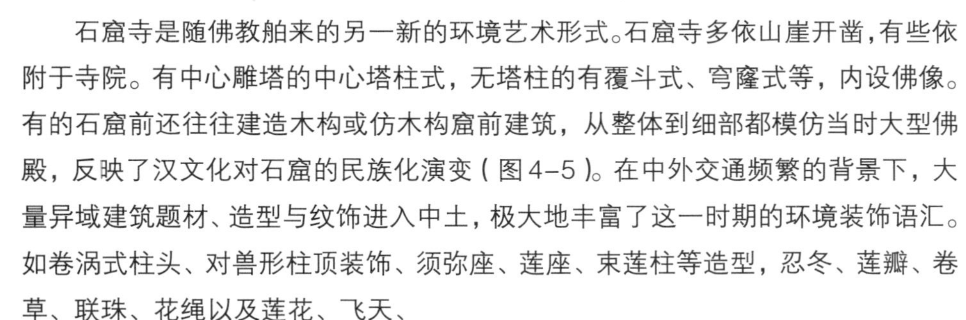

石窟寺是随佛教舶来的另一新的环境艺术形式。石窟寺多依山崖开凿，有些依附于寺院。有中心雕塔的中心塔柱式，无塔柱的有覆斗式、穹窿式等，内设佛像。有的石窟前还往往建造木构或仿木构窟前建筑，从整体到细部都模仿当时大型佛殿，反映了汉文化对石窟的民族化演变（图 4–5）。在中外交通频繁的背景下，大量异域建筑题材、造型与纹饰进入中土，极大地丰富了这一时期的环境装饰语汇。如卷涡式柱头、对兽形柱顶装饰、须弥座、莲座、束莲柱等造型，忍冬、莲瓣、卷草、联珠、花绳以及莲花、飞天、宝珠、火焰、迦楼罗鸟等纹饰，里面包含有罗马、波斯及印度诸种艺术成分。其中，对南北朝及后代建筑装饰影响较多的，有须弥座、覆莲座、束莲柱等造型以及莲花、卷草、联珠等纹饰（图 4–6）。一些原属佛教题材的装饰样式到南北朝后期应用逐渐广泛，是这一时期建筑装饰发展的重要现象。

图 4-5-b　大同云冈石窟

图 4-5-a　麦积山石窟

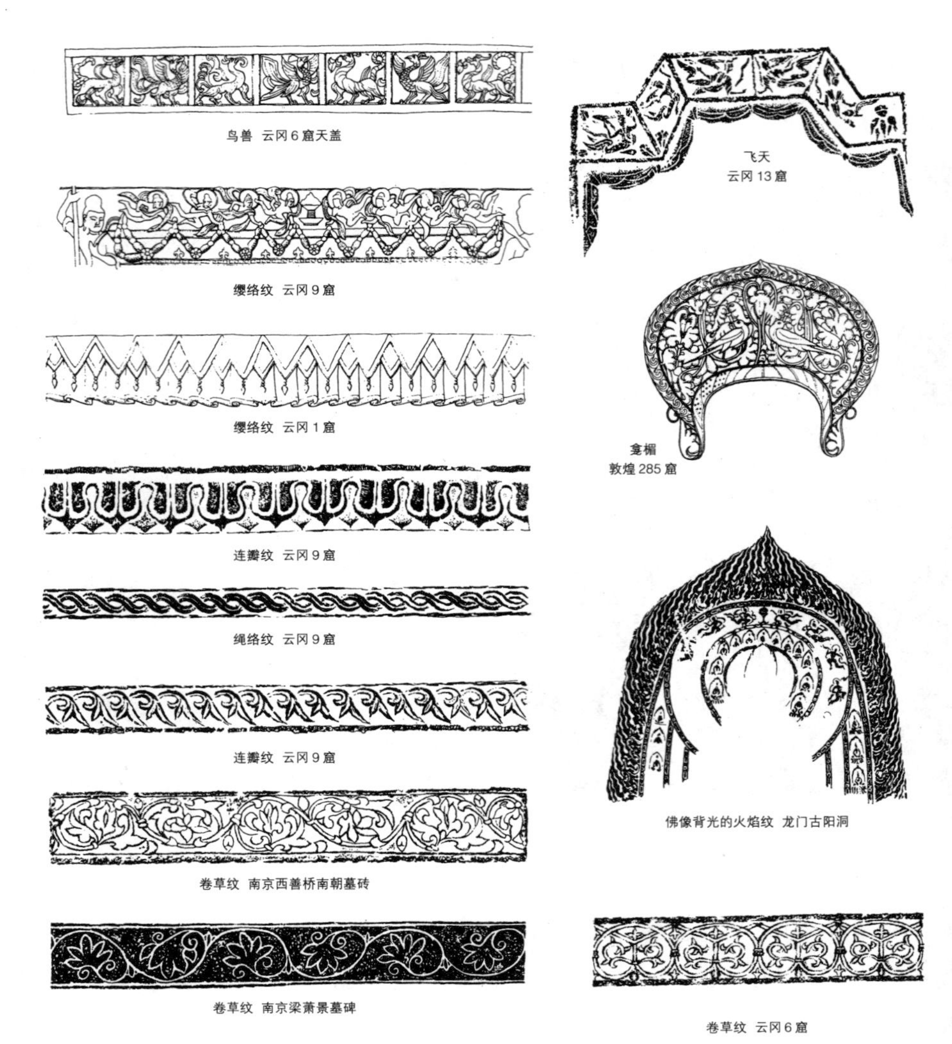

图4-6 建筑装饰图案

这一时期的石刻、雕塑艺术也深受西域文化影响。例如陵墓神道两侧的带翼狮形石雕“天禄”（图4–7）、“辟邪”。虽然早自秦汉中西交通未开时，中国已有了统称为辟邪的带翼瑞兽，但西汉以后，经印度、西亚或中亚的带翼兽与中国原有的意象融合，才演变成为东汉六朝的天禄、辟邪。其风格与汉至南北朝环境艺术的古拙、浑厚、粗放的风格相比，既有别于外域原型，又不同于后世。南朝陵墓中的墓表和北齐的石柱，从题材到手法，则主要受到了印度阿育王石柱的影响。石柱象征宇宙之根，雄狮喻人中雄杰，面向四方怒吼，喻佛法广布。其中也含有间接来自希腊的影响，如梁萧景墓墓表（图4–8）的下端柱身处理就同于希腊凹槽，上也置蹲狮。河北定兴北齐石柱（图4–9）则在柱顶石板上置石刻小殿，寓意佛国天宫，都是阿育王石柱的中国变体。

图4-7 南京梁萧景墓天禄

图 4-8-a 南京梁萧景墓墓表

图 4-8-b 墓表立面图

图 4-9 河北定兴北齐石柱

北方十六国时期，西北少数民族大量移入中原地区，带来不同的生活习惯。在原来中原民族席居和使用低矮家具的传统中，又增加了垂足而坐的高坐具，如椅子、方凳、圆凳等；床也增高，出现了倚靠用的长几、隐几等。家具的加高，导致建筑内部空间随之增高，室内建筑环境经营也相应产生了变化，为宋以后废弃席坐创造了条件（图 4–10）。

4.2.2 建筑群体环境艺术

魏晋南北朝时期的建筑群体外部空间艺术成就主要体现在佛教寺院当中。早期的汉地寺院吸收西域的塔院式格局——即以塔为核心的十字对称式，将塔置于中心，以廊庑或院墙围成院落，院中及廊庑都可供人们回行。大塔高耸，形象突出，是构图主体，院庭四角一般有角楼，作为陪衬。事实上，印度的大塔回行道都附在塔本身，并没有围廊，因此，中国的这种中心塔型佛寺，系借用了中国传统的“明堂式”院落空间，是中国结合自身的传统对外来形式进行民族化加工的表现。例如梁武帝敕建的同泰寺，便依照了梁武帝建构的天象论之新宇宙图式规划形成。系以九层佛塔为中心，周匝合院式布局，山树园池罗列其间，将典型的中国园林要素引入了西域佛寺原初布局当中，对唐代及日本同期佛寺，如法胜寺（图4–11）有着一定的影响。

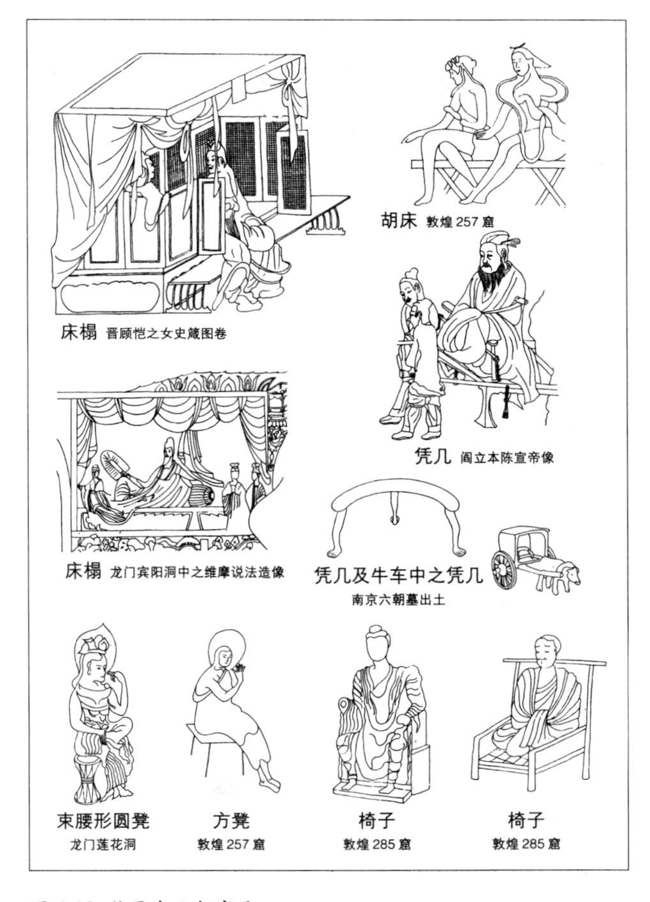

图 4-10 魏晋南北朝家具

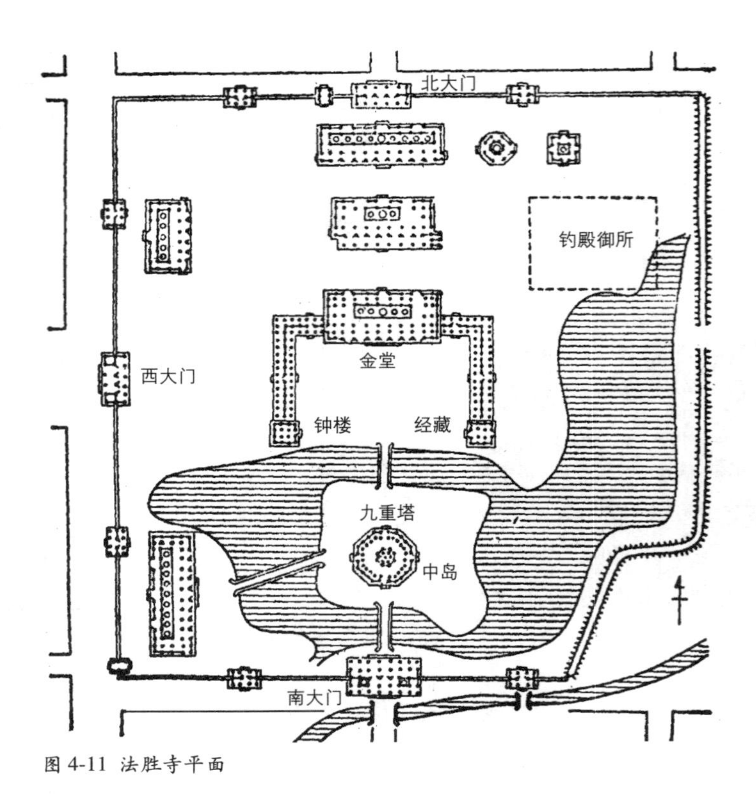

图 4-11 法胜寺平面

但对内敛含蓄的中国古人而言，以塔为中心的空间处理仍缺乏必要的层次和幽深的感觉，于是在“宫室本位”的背景下，加上“舍宅为寺”的推助，塔逐渐从中轴线上退出，或是另置于别院，从而保证了沿袭已久的建筑群沿中轴水平展开的格局。这类寺院具有更为宁静平和的环境氛围，反映了重义理的中国化佛教修行方式的需求，后逐渐成为佛寺的主流。

石窟寺的经营选址也体现出与自然环境相观照的特色。按佛教典籍要求，石窟寺的建造需选择河泉环绕，林木荫郁，幽闭僻静的山崖或台地等自然形胜处，凿窟造像，以作僧人聚居修行所在。南北朝时期著名的石窟寺，都遵循以上选址和建造模式，如敦煌莫高窟位于鸣沙山下，宕泉河水沿鸣沙山东侧自南而北蜿蜒而去；大同云冈石窟位于武周山下，川水东南而流；甘肃天水麦积山石窟，不仅与自然山水环境紧密结合，还附会了曼陀罗佛教宇宙图式，烘托出浓重的宗教场所精神（图 4–12）。

图 4-12-b 云冈石窟外部环境

图 4-12-a 麦积山石窟

4.3　园林环境艺术

魏晋南北朝时期，以崇尚“自然”为宗旨的儒玄、玄佛义理流行于世，人们追求返朴归真，山水审美之风全面兴盛，成为这一时期造园艺术发展的生机勃勃的推动力。士人不但游弋山水、择居于山水间，还在居所经营山水，追求在与山水万物的亲近和交流中安顿身心，追求精神的超越。这一风尚大大激发了士人园林的蔚然勃兴（图 4–13）。

图 4-13-a　北魏 孝昌宁懋石室人物画像 · 车马山行

图 4-13-b　北魏 孝昌宁懋石室人物画像 · 园林伎乐

图 4-13-c　北魏 孝昌宁懋石室人物画像 · 园林说教

图 4-13-d　北魏 孝昌宁懋石室人物画像 · 园林宴饮

4.3.1　士人园林

这一时期，士人园林的设计思想主要表现为“写意”，即由再现自然进而表现自然，重在对自然体察基础上的提炼、概括和典型化。其总体风格呈现出如下几个新的特征：

4.3.1.1 空间造型的丰富 魏晋南北朝园林规模趋于小型化，同时，园林景观更为丰富精致，采用概括、再现山林意境的写意手法渐占主导地位，境界得到升华。峰峦、崖壑、泉涧、湖池、建筑、植被等等的丰富形态得到展现，并注重其在空间上的远近、高下、阔狭、幽显、开阖、巨细等无穷的奥妙组合穿插，形成纡余委曲而又变化多端的空间造型。

4.3.1.2 **造山构石** 自然山水的美学价值在魏晋南北朝园林得到真正显现，从山居园林大范围地貌条件的选择，到城市私园的运营，都十分注意园林与周围峰峦间的映接和过渡。南朝士人园林利用自然条件大兴"构石"之风，后世园林置石法如特置、群置、散置及叠置等等，都滥觞于这一时期（图4–14）。继承孔子"仁者乐山、智者乐水"的比拟联想，人石互喻的审美风气也始于晋代。"王公目太尉，岩岩清峙，壁立千仞"，又如评价嵇康"嵇叔夜之为人也，岩岩若孤松之独立；其醉也，傀俄若玉山之将崩"。古代园林的品石、赏石之风由此肇始。

图4-14 北魏园林中的置石 北魏孝子棺

4.3.1.3 **理水** 此时人们已普遍意识到多种水体的映衬、变幻、组合在园林中的审美价值。造园者通过构筑堤、岸、阶等人工要素，塑造不同的水体形态和景观，或凿石引流、或围岸聚水、或以建筑点化水景特征，处理手法日趋丰富多样。与水相关的"堤"，被园林普遍采用为空间分隔手段，成为园林景观。另有流杯曲水，本源自古代"祓禊"的巫祭仪式，后成为文人诗酒相酬的游乐形式，最典型的便是王羲之等人的"兰亭雅集"。文化意义的深入开掘，激发了园林禊赏水景经营的创意，演化出曲池、流杯沟、流杯渠、曲水流觞等层出不穷的园林水景，后日渐精致微缩，于唐宋园林中形成高度程式化和符号化的"流杯渠"，历代传承至今。

4.3.1.4 **植物景观** 孔子比德说结合盛行魏晋的人物品藻之风，使园林植物景观如松、竹、梅等的人文象征意义进一步得到强化，阮籍、嵇康等风流名士得誉"竹林七贤"，即为明证。同时，植物也成为造园不可或缺的要素。如"南朝陶弘景特爱松风，所居庭院皆植松树，每闻其响，欣然为乐。"此外，植物景观如竹、花木等，还用来划分与组合园林空间，作为"障景"，有效地分隔与映衬不同景区。

简言之，魏晋南北朝时期，由山、水、植物、建筑等造园要素的综合而成的景观，其重点已从模拟神仙境界转化为世俗题材的创作，更多地以人间的现实取代仙界的虚幻。

4.3.2　皇家园林

这一时期的皇家园林，已不复秦汉宫苑法天象地的宏伟规模，原有的综合功能也渐渐消退，在审美意趣上受到士人文化和士人园林的重要影响，从汉代企待神仙和宴游玩乐为目标转变为对自然美的欣赏。东晋简文帝司马昱入华林园时就曾说过："会心处不必在远，翳然林水，便自有濠濮间想也。觉鸟兽禽鱼，自来亲人"，透射出皇家园林中的自然山水之美。

华林园始建于吴，东晋时开凿天渊池，堆筑景阳山，为"一水环一山"的格局。园中的景观风貌自然天成，后又大加扩建，保留景阳山、天渊池、流杯渠等山水地貌，并整理水系，流入宫城之中，"萦流回转，不舍昼夜"，为宫殿建筑群的园林化创造了优越条件。当时宫殿多为三殿一组，或一殿两阁，或三阁相连的对称布置，其间泉流环绕，杂植奇树花药，并以廊庑阁道相连，具有浓郁的园林气氛。这一做法即敦煌唐代壁画中常见的"净土宫"背景的原型，也影响了日本的净土宗庭园。著名的京都平等院凤凰堂，就很可能是脱胎于南朝宫苑的模式。

北魏洛阳宫城内的芳林苑（后易名华林园），是当时最重要的一座皇家园林，位于城市中轴线北端。其中有各色文石堆筑而成的石山——景阳山，山上广种松竹。东南为天渊池，引来榖水绕过主要殿堂前而形成完整的水系，创设各种水景。沿袭汉代"一池三山"的格局，天渊池中设九华台、蓬莱山，建筑物之间广设高架廊道，拱若彩虹，丰富了建筑群体的轮廓形象，也强化了园林的仙境气氛，保留着东汉苑囿的遗风。

魏晋南北朝皇家园林艺术风格之受士人园林影响，从点景题名当中也可见一斑。从最早的"灵台"、"灵沼"直到秦汉宫苑中的"太液池"、"蓬莱山"等命名，均带有较强的原始神性或求仙色彩，而在人文气息的晕染下，建筑物的命名一方面开始状写景观特点，如梁湘东王在江陵所建的湘东苑，有芙蓉堂、临风亭、修竹堂等等，与西汉上林苑诸"观"的命名大异其趣；另一方面则更多援引具有丰富人文意象的典故以深化创作及审美意匠，如北魏孝文帝游清徽堂便强调"名目要有其义"，运用《周易》、《诗经》、《礼记》等儒学经典原型命名流化渠、洗烦池、观德殿、凝闲堂等，并加以主动解释引申，将园林景象与理想的圣王之治建立关联，突现出皇家宫苑的政治色彩。

4.3.3　寺观园林

随着宗教寺观的大量兴建，这一时期相应地出现了寺观园林。在城市当中，发轫于汉的中心塔型式佛寺，以及源自城市宅院的院落式佛寺，都逐渐演变为合院建筑群与山树园池相结合的模式，体现出园林环境特征，形成独具特色的汉地佛

图 4-15 成都西门外万佛寺遗址出土

寺形态(图 4-15)。例如北朝洛阳景乐寺“堂庑周环，曲房连接，轻条拂户，花蕊被庭”，正始寺“众僧房前，高林对牖，青松绿柽，连枝交映”等等，有些还特别建设了附属园林，如《洛阳伽蓝记》记载的景明寺“房檐之外，皆是山池。松竹兰芷，垂列阶墀……寺有三池，葭蒲菱藕，水物生焉”，表现出较早的寺观园林特征。

魏晋时觉醒的对自然山水的热爱,使得择址于优美自然环境中的山林佛寺日益增多，数量可观。寺观的选址与风景建设密切结合，殿宇僧舍往往因山就水，架岩跨涧，布局上讲究曲折幽致、高低错落，因此，这类寺观不仅成为自然风景的点缀，本身也无异于山水园林，呈现为天人谐和的人居环境，吸引了众多香客文人。自此以后，远离城市的名山大川逐渐形成了以寺观为中心的风景名胜区，其中尤以山岳型的“名山风景区”为多，著名的茅山、庐山都系此时开发。

4.3.4　公共园林

魏晋南北朝开放的社会风气与出游风尚使得城市近郊风景游览地迅速兴盛,体现出早期公共园林性质。在汉代本是驿站建筑的“亭”,逐渐演变为一种风景建筑,出现在城市近郊风景游览地,为人们游览聚会提供了遮风蔽雨、稍事坐憩的地方。亭简洁空灵的形象与“虚空”的空间本质特征，正与魏晋士人崇尚洗练的审美意趣相契合，能充分实现人与自然环境的互融，并与周围环境景观相互吸纳、映照，故而成为中国古代最重要的景观建筑类型，并迅速转化为公共园林的代称。会稽近郊的兰亭之会就是著名实例。在王羲之《兰亭集序》的描述中，这里“崇山峻岭，茂林修竹，又有清流激湍，映带左右”，文人名流于水边会友聚宴，以曲水流觞的形式吟诗作赋，在“一觞一咏”之间“仰观宇宙之大，俯察品类之盛”，体会到“与天地万物上下同流”的胸次悠然(图 4-16)。

(一)

(二)

(三)

图 4-16 (明 万历)兰亭修葺图(一)、(二)、(三)

以兰亭为代表的中国古代风景胜地,不仅仅以优美自然环境著称,其负载的文化底蕴更在历史的演进中不断衍生而趋于丰厚。这种自然美与人文内涵的共生是中国古代公共园林的一大特征(图 4-17)。

图 4-17 今绍兴兰亭

复习参考题:

1.佛教的普及对魏晋南北朝的环境艺术有哪些影响? 汉文化对异域佛教环境艺术的同化演变又有哪些表现?

2.试述魏晋南北朝时期士人园林特征。

第5章　隋唐环境艺术

魏晋南北朝的多元文化激荡，终至推出气势磅礴的隋唐帝国。隋代历时短暂，它建国于581年，589年完成统一，到618年灭亡，仅历史一瞬，可看作大唐文化的灿烂序幕。唐代历经近三个世纪（618～907年），它疆域辽阔，极盛时势力东至朝鲜半岛，西北至葱岭以西的中亚，北至蒙古，南至印度。唐代军事力量强大，行政机构完整，法律制度严密，社会经济繁荣，以开放的胸怀与多样化的怀柔手段，造成多民族归附；唐代政策宽容，儒、道、佛三教并行不悖，文化心态开放；全面采用科举制度，突破门阀世胄的垄断，相对公正的选任下层寒士，形成社会政治及文化生活中活跃而能动的社会力量，并刺激整个社会文化水平提高；隋唐时期也是中国与外域文化交流的鼎盛时期，南亚、中亚及西亚的宗教、音乐舞蹈、建筑、雕塑、绘画艺术等等，如同八面来风，为唐人的文化生活增添万千风采，形成有容乃大的气象。唐代的这一文化特征，为环境艺术注入勃勃生机，形成朴质、真实、雄浑、豪健的鲜明时代特色，对日本与朝鲜半岛在内的东亚地区也具有着深远的影响。

5.1　城市环境艺术

规模空前的统一和强盛，气派空前的宽容和摄取，集中地体现在帝都长安的城市环境艺术当中。长安城的前身是隋大兴城，总体设计者宇文恺开凿广通渠，决渭水达黄河，疏通漕运，并集前代都城建筑的得失经验，利用大兴地区六条丘陵的自然地貌特征，构思了隋大兴城的总体规划，也直接奠定了唐长安的基础。

5.1.1　城市构成

唐都长安规模宏大，布局方整对称，功能区划明确。外郭、皇城和宫城，沿同一轴线顺序置于都城北部中央，并以承天门、朱雀门和明德门为主要节点，形成贯穿整个城市近9公里的宏大轴线，也是世界城市史上最长的一条城市中轴线。沿此轴线，对称布置各个里坊和东西二市，使得整个城市成为结构十分清晰的整体（图5-1）。

象天设都的思想仍然是长安城的重要规划理念，宫城如同北极星周围的紫微垣，皇城象征着地平线上以北极星为圆心的天象，从东、西、南三面卫护皇城与宫城的外郭则象征着大周天，使天与人在想象与现实中均得到呼应。

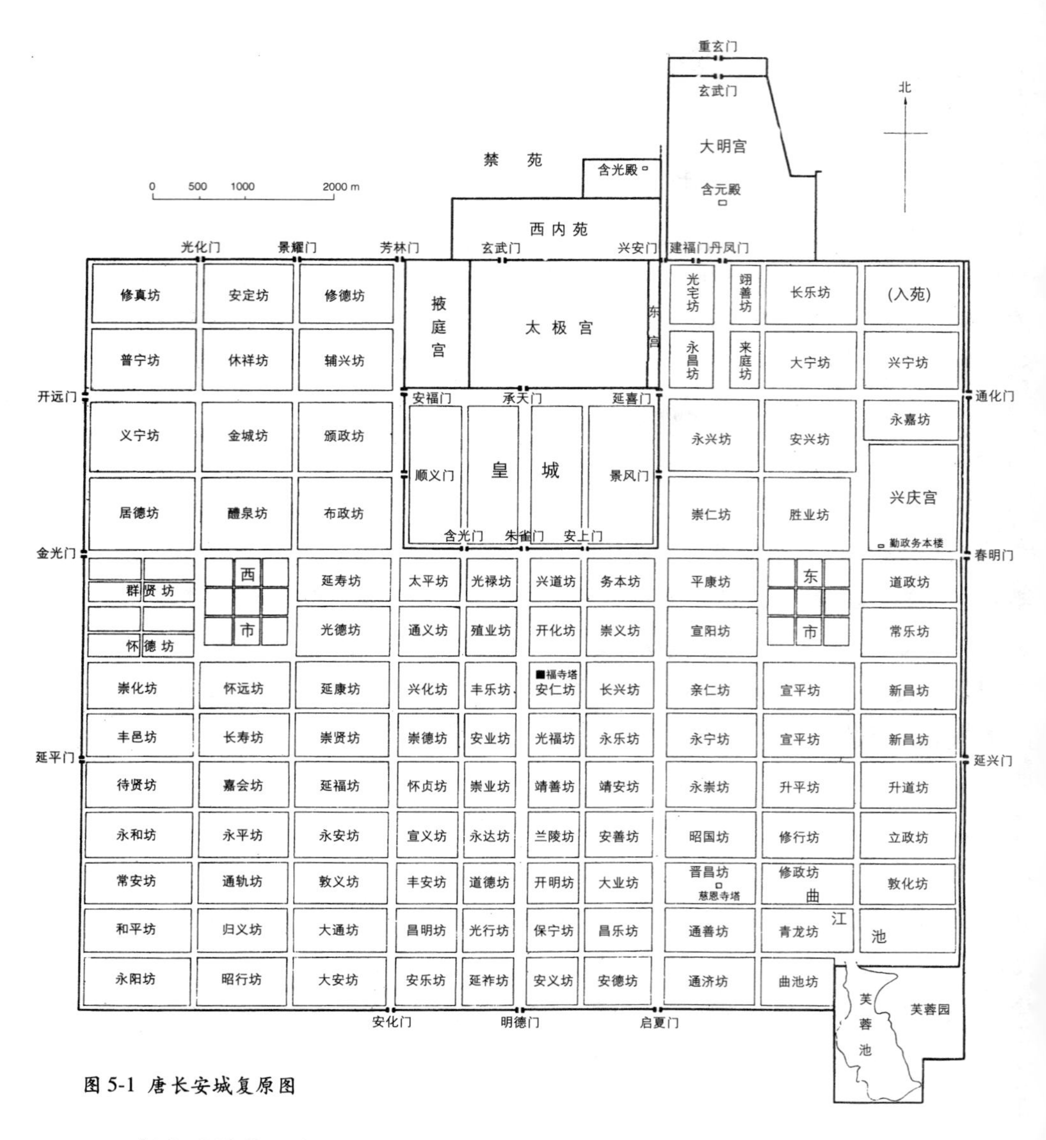

图 5-1 唐长安城复原图

长安城地势北高南低，城内自南而北横贯有六条东西向的丘陵，巍峨的宫殿即建筑于北面的龙首原高地，地形上的优势，使得皇宫更加威势逼人，这一布局安排不仅凸现了等级秩序，也巧妙利用了地形，使长安城的建筑错落有致，增大了立体空间。宫殿最重要的标志太极宫坐落于长安城南北中轴线最北部，太极宫正门承天门总平面布局为倒凹字形，左右凸出部为阙，更突出了中间主体建筑的高大气势。王维诗中“云里帝城双凤阙，雨中春树万人家”，就描绘了烟雨中的长安城，只见双阙高耸独立，可知宫阙是城中重要的景观。承天门外东西横街宽三百多步，是举行典礼的T形广场，“横街敞御楼，万人朝天门”，它的面积远超古代与中世纪欧洲一系列著名广场，古罗马恺撒广场、图拉真广场，文艺复兴的圣马可广场、十七世纪法国的协和广场等都相形见绌。长安城南面四条丘陵略低，寺观、王府及公共园林多建于此，增加了里坊区的趣味，打破了城市中轴线长段街道的平淡。

在宫城之外，长安城内不乏高大建筑，多达百余座的佛寺道观楼塔星罗全城，以鲜明的色彩、巨大的体量与突出的体形，突破一般建筑层数不多而形成的单调轮廓，极大地丰富了城市空间组织形式；高大建筑之间的空间关系也富有一定的韵律，如现存的荐福寺小雁塔与法界尼寺双塔隔街相对，大明宫含元殿则与城南慈恩寺大雁塔（图5-2）遥相呼应。除楼阁塔殿外，城楼对城市景观的形成也有重要作用，它们一般在城市中轴线上，前临丁字形纵横主街，壮丽非常。唐代子城也往往建楼亭于城上，可以俯瞰城中街巷景物，例如苏州子城北面正中有齐云楼，屡见于白居易诗篇，是城中重要景观。

图 5-2　慈恩寺大雁塔

5.1.2　城市景观

隋大兴城建城之初所进行的城市供水、宫苑供水和漕运河道的综合工程建设，不仅解决了城市供水问题，也为城市的景观建设提供了用水的优越条件，具有显著的综合效益。这一水系沿用到唐代，众多的皇家御苑及公共园林均受益匪浅，形成良好的城市景观系统。

居于城市中心的唐代大内御苑中，水体占据相当的比重，例如长安的太极宫，引清明渠流入而潴为南海、北海、西海，并就此三海创为宫城的园林化环境，适当地淡化了严谨肃穆的建筑气氛；东都洛阳的西苑也是以人工开凿的北海为中心，大面积的水体较好的调节了宫城的小气候，有助于形成宫城的园林化环境。宫城和皇城内充分绿化，讲究树种选择，注重其产生的景观及心理效果。

宫城之外，长安城有着系统的街道绿化，长安洛阳主街都设御道，两侧是臣下及百姓道路，路旁植槐为行道树，排列整齐，时称“槐衙”。岑参诗“青槐夹驰道，宫馆何玲珑”，白居易诗“下视十二街，绿树间红尘”，所咏的就是长安街景。夹道兴建的大型寺观和贵邸朱门洞开，楼阁相望，大大地美化了街道景观，表现出高贵豪华、开敞整齐的特征，和宋以后商业街的繁华拥塞迥然异趣。长安、洛阳城内大部分居住坊里均有宅园或游憩园，住宅庭院与园林相互穿插，有着高度的绿化，此类居住坊里实际成为真正意义的城市山林。

长安城市近郊及远郊还有着为数众多的风景胜地，它们结合城南里坊内的坡岗及水渠而设立，具有良好的观赏效果，增益了城市景观风貌。著名的曲江池、乐游原等与远郊的离宫在不同的空间层次上丰富了长安城的城市景观。长安城北面则是渭河天堑，沿渭河布列汉唐帝王陵墓，陵园内广植松柏。就宏观环境而言，长安的绿化不仅局限于城区，还以城区为中心，向四面辐射，形成了近郊、远郊乃至关中平原的绿色景观大环境的烘托，长安城则成为镶嵌在辽阔无际的绿色海洋之上的明珠。

5.2 建筑环境艺术

5.2.1 单体建筑环境

图 5-3 佛光寺大殿

隋唐时代，建筑的单体、部件和装饰都迅速发展成熟，具有与时代相一致的雄浑风格。隋唐时期延续自南北朝后期开始的变革，柱子用侧脚，角柱比平柱增高，即“生起”，增加了高度感和稳定感，整个屋檐也形成完整曲线，屋角翘起。建筑外观从由直柱、直坡屋顶、直檐口构成的汉代式样，变为全部由曲线和微斜的横竖线组成的唐式，其艺术风格则由端严雄强演变为端庄流丽、雄健遒劲相结合的新风。如五台山佛光寺大殿(图5-3)。建筑台基一般以轮廓方直的砖石基座为主，须弥座的使用也从佛塔向高等级建筑物普及。木平坐与砖石基座边缘设立勾栏，强化了建筑外观的水平线条分划(图5-4)。琉璃瓦使用普遍，如唐大明宫三清殿遗址除出土黄、绿、蓝等单色琉璃外，还有集三色于一身的三彩瓦，凸现出屋顶色彩之华丽。

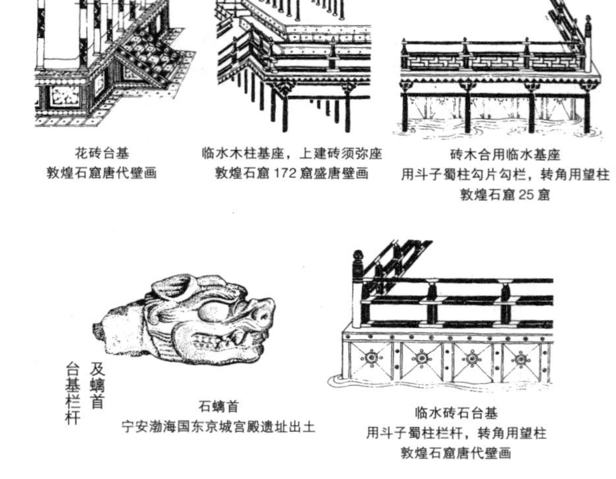

图 5-4-a 隋唐五代建筑细部

图 5-4-b 甘肃敦煌莫高窟第158窟中唐壁画中的勾栏

唐代高等级建筑木构部分一般刷土朱色，墙壁刷白色，配以青灰色或黝黑色瓦顶，鲜明雅洁。建筑内壁多为白色，豪门贵邸中仍有魏晋南北朝时流行的红壁做法，以朱砂、香料和红粉泥壁，以示豪侈。另自汉代以降，建筑物中还一直存在以织物张挂于墙面，称为“壁衣”的做法，木构件表面也有包裹锦绮类织物的做法。自唐代木构件表面常用彩绘后，后世彩绘纹样中不少便是织物纹样，可视为一种替代性的表现方式。室内地面一般铺方砖或花砖，较高等级的则采用磨光文石铺地。唐代佛寺壁面多用来绘制壁画，以前那种汪洋恣肆的神仙题材和劝人诫世的儒学教化已经少见，佛教题材大大增多(图5-5)。这时豪华的堂室内部陈设以帷幕、帘、帐幄、床、几、屏风等为主。檐下一般挂帘，室内多悬帷幕，可根据需要灵活划分室内空间（图 5-6）。

图 5-5 隋代壁画

隋唐建筑装饰艺术继南北朝吸收异域文化的风气，在开放的文化心态下取得进一步发展。来自粟特、波斯、拜占庭等地的联珠、团窠、卷草等装饰纹样广泛应用，并逐渐融入了汉地传统与民间的艺术成分，为建筑装饰新风格的形成提供了丰富的营养（图 5-7）。自南北朝传入的莲瓣纹，广泛应用于柱础与须弥座的装饰，成为古代建筑装饰艺术的重要特征。与此同时，双向的文化交流也将汉地的装饰纹样普及到西域一带。新疆克孜尔石窟的叠涩天井中，就有四叶毬文、穿璧纹等汉地风格的纹样。在对异域艺术兼收并蓄的同时，建筑装饰还杜绝了儒、道、释的门户之见，不同风格杂然并存。例如隋代陶房明器中的瓦当以莲瓣为饰，同时又有鸱尾装饰。隋开皇二十年邴法敬石刻佛龛造像，立柱上却雕以中国传统儒家文化名物的龙像，而柱头又饰以佛教装饰莲体形象与火焰宝珠形象，反映隋代佛教观念的趋于淡薄，及儒、

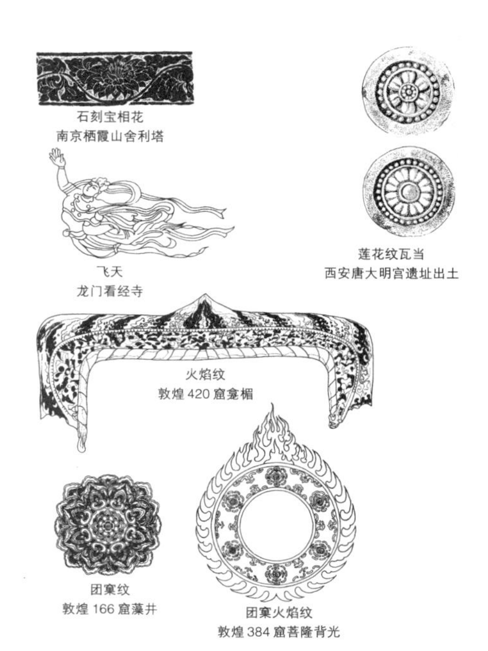

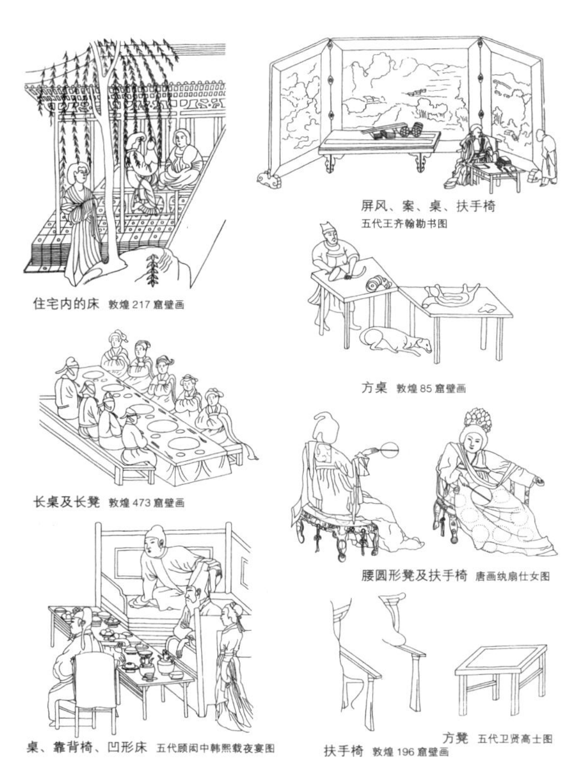

图 5-6 隋唐五代家具

卷草甘肃敦煌莫高窟第 148 窟南壁

卷草甘肃敦煌莫高窟第 148 窟南壁

卷草甘肃敦煌莫高窟第 196 窟

图 5-7 隋唐五代装饰纹样

图 5-8 赵州桥

释的融合。柱础多朴素无华，也有以佛教须弥座为装饰。有莲华雕柱，有花瓣、游鱼为饰的铺首，也有中国的古老饕餮为饰的铺首，三教九流，同台演出。

此外，隋代大业年间，由李春主持设计施工的河北省赵县安济石桥（图5-8）是现存最早的石拱桥。弧券和敞肩拱的使用，使桥体线条柔和流畅，构造空灵而雄伟。栏板和望柱的石刻以飞龙、绞龙为主，造型苍劲，动态生动，设思奇巧，是隋代石刻艺术的珍品。

5.2.2 建筑群体环境

隋唐建筑群整体布局日益成熟，首先是突出主体建筑在空间组合中的地位，强调了纵轴方向的陪衬手法。以大明宫布局而言，从丹凤门经第二道门至龙尾道、含元殿，再经宣政殿、紫宸殿和太液池南岸的殿宇而达于蓬莱山，轴线长约1600余米。正殿含元殿则据承天门的门阙型制，两侧建阁，全组建筑形成倒凹字形平面，高踞于龙首原形成的殿基之上，气势宏大，对于得景与成景均极为有利。至地面有三条平行阶道“龙尾道”，长达75米，更衬托出这一建筑组群的雄壮气魄（图5–9）。这一形式直接影响了五代洛阳五凤楼，宋东京宣德门和明清故宫午门。再如乾陵的布局，利用地形，因山为坟，以墓前双峰为阙，用以衬托主体建筑，所费少而收效大，这种善于利用地形和运用前导空间与建筑物来陪衬主体的手法，正是明清宫殿、陵墓布局的渊源所自。其次，院落式布局也得到充分发展。按照建筑的型制、功能和艺术要求进行庭院环境设计，以横宽、纵长、曲折、多层次等不同空间形式的庭院衬托主体，造成开敞、幽邃、壮丽、小巧、严肃、活泼等不同的环境效果，并通过回廊、行廊、穿廊等的连接丰富院落空间，衬托主体建筑群，增强建筑群的艺术表现力。例如宫殿、寺庙中就有很多气势开阔、宏伟壮丽的巨大院落，而同时在宅第园林中则出现了花木扶疏，回廊屈曲的幽静小院。院

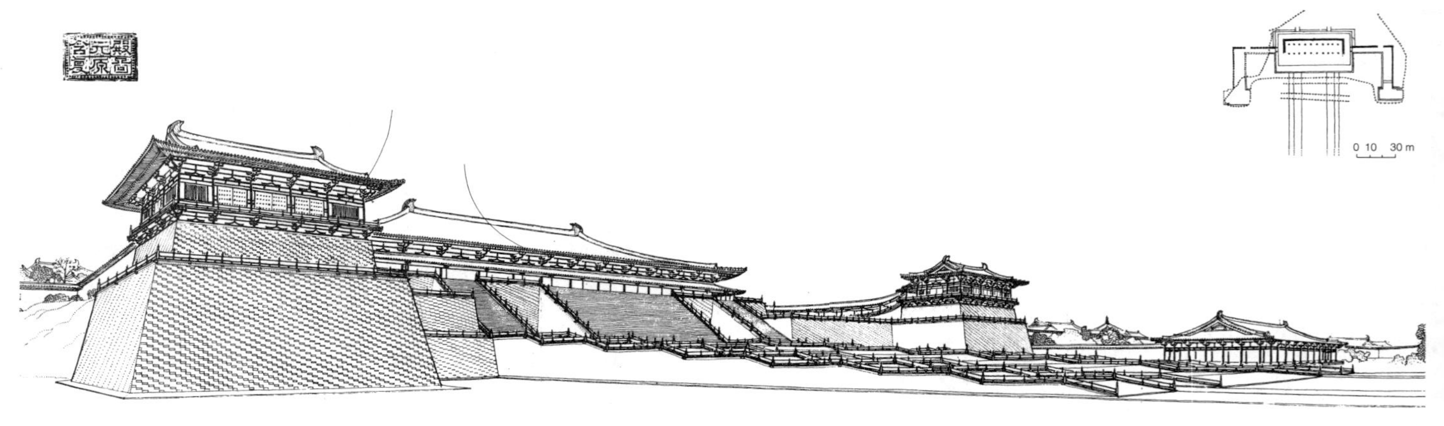

图 5-9 含元殿复原图

落作为一种环境构造方式，其表达环境心理场的特点和优点得到充分表现。

大量的敦煌壁画反映出当时佛寺的整体环境意象仍然是一些中轴清晰、规整的院落组合。通常前殿最大，是组群的构图主体，配殿、门屋、廊庑、角楼起到烘托作用；各院落也有主宾关系，中轴线上的主要院落是统率众多小院的中心；建筑群有丰富的轮廓，单层建筑和楼阁交错起伏，长段低平的廊庑衬托着高起的角楼，形成美丽的天际线，烘托出佛寺本土化后更为辉煌、热情的艺术性格。庭院内多满布水面，许多低平方台如荷叶般舒展其间，象征着佛经所说的“七宝池”或“八功德水”（图5–10）。这时的佛寺虽是宗教中心，但也是市民的公共文化中心，其环境特征并没有宗教的迷狂，而是处处体现着人的尺度，充满人文主义的色彩。这种园林化的寺院型制还流布到朝鲜半岛及日本，至今，还能在日本京都法胜寺和法成寺的格局中发现这一意象。

图5-10 甘肃敦煌莫高窟第360窟中唐壁画中的佛寺

唐朝帝王陵墓经营亦取得了杰出的艺术成就。唐陵“因山为陵”，依托山势的崇高博大象征帝陵的伟大壮美，具有当代地景艺术的特征。十八座唐代帝陵分布在渭北盆地北缘与高塬交界处，自西而东绵延百余公里，排列为以长安为中心的扇形。各陵以层峦起伏的北山为背景，南面横亘广阔的关中平原，遥对终南、太白诸山，渭水横于前，泾水萦绕其间，近则浅沟深壑，形成大气磅礴的景观态势。如高宗和武则天合葬的乾陵（图5–11），以梁山主峰为陵山，前方东西两峰对峙而且形体相仿，犹如门阙。主峰高出陵前御道约70米，较之秦汉高约20～30米的“方上”更为雄伟。

图 5-11-a 唐乾陵的天然门阙

5.3　园林环境艺术

5.3.1　私家园林

除以城市住宅为依托的城市私园之外，渊源于魏晋南北朝时期的别墅、庄园，其性质已由原来的生产、经济转化为游憩、休闲，形成郊野别墅园，如王维辋川别业（图5–12）。另，随着唐代原始型旅游的普遍开展，文人也纷纷在名山大川相地卜居，经营别墅园林，如白居易庐山草堂等。

就郊野别墅园而言，其选址力求与自然环境契合，顺乎自然之势，合乎自然之理，例如王维辋川别业，位于陕西蓝田一处山岭环抱、篠谷辐辏如车轮的天然地势，故得名“辋川”。又如白居易庐山草堂，位于香炉峰之北一块“面峰腋寺”的地段，这里“白石何凿凿，清流亦潺潺；有松数十株，有竹千余竿……”，自然环境得天独厚。

图 5-11-b 唐乾陵主峰

城市私园强调以幽深而获致闹中取静的效果，多由山、池、花木、建筑等元素相配合成景。例如白居易在洛阳的履道坊宅园，其中“屋室三之一，水五之一，

图 5-12 《辋川图》

竹九之一，而岛树桥道间之”，园内组景以幽致为要，大量地使用水和竹，形成“微微过林路，幽境深谁知”，“履道幽居竹绕池”的特殊园林意象，烘托出城市山林的气氛。建筑物也力求简朴小巧，以朴素的茅舍草堂为多，并重视收摄园外的借景。大量的唐代壁画也描绘出一般城市宅园园林化的居住环境(图5-13-a、图5-13-b)。

唐代私家园林重视筑山理水，刻意追求一种缩移摹拟天然山水、以小观大的意境。长安、洛阳城内河道纵横，为造园提供了优越的供水条件，由于得水较易，园林中颇多出现摹拟江南水乡的景观，能激发人们对江南景物的联想。白居易履道坊宅园中的水采用水池和水渠两种形式，面积很大，为园林的主体。其中有三座小岛，和堤岸间以拱桥和平桥相连，中岛有亭，这一格局似乎为“一池三山”的缩影，但其间的蕴含已绝非秦汉帝王求仙的意象，而是园居者凭借以大观小的审美方式，对广阔的人生境界的体会。

造山用石的美学价值此时也得到充分肯定。“假山”一词开始用作园林筑山的称谓。筑山以土山居多，也有用石间土的土石山，后者不仅能起到划分空间，隔

图 5-13-a 甘肃敦煌莫高窟第45窟唐代壁画中的住宅

图 5-13-b 唐代壁画住宅线描版本

景、障景之用，更能表现出磅礴的势态与丰富的形体效果，以自身造型显示出深远的空间层次，因此更受中唐以后造园家的青睐。随着写意的山水美学之成熟，由单块石料或若干块石料组合成景的置石构景渐成风气，尤其是太湖石等南方异石，利用其瘦、透、露的形式观感在有限的空间内制造了更丰富的体态变化，催发人们直观的审美和丰富的联想活动。石也常与植物进行组合，履道坊宅园里就有“一片瑟瑟石，数竿青青竹”，以竹石相配，形成富于象征意义的景观小品。

别墅园林主要因就于天然山水地貌、地形和植被特征进行园林处理，总体上以天然风景取胜，形成素朴无华、富于村野意味的情调。例如辋川别业，就利用丰富的地貌与水体形式，形成山、岭、岗、坞、湖、溪、泉、沜、濑、滩等不同的景观形态，局部的园林化则偏重于各种树木花卉的大片成林或丛植成景。建筑物不多，形象朴素，布局疏朗。

5.3.2　皇家园林

隋唐的皇家园林建设已经趋于规范化，大体形成了大内御苑、行宫御苑和离宫御苑的类别。大内御苑紧邻于宫廷区后或一侧，呈宫苑分置的格局。但宫与苑之间往往还彼此穿插、延伸。东内大明宫呈前宫后苑的格局，沿中轴线纵深布置，苑林区中央为太液池，中筑蓬莱山，山顶建亭，成为轴线上的关捩点。山上遍植花木，沿太液池岸边建有大量建筑，均以回廊相连。

隋唐的行宫御苑典型如隋西苑（图 5–14），又称会通苑，在洛阳城西侧，是历史上仅次于西汉上林苑的一座特大型皇家园林，其总体布局是以人工开凿的北海为中心，沿袭“一池三山”的模式，其间筑蓬莱、方丈、瀛洲三座岛山。北海之南，另有较小的五湖，象征帝国版图。并用十六组建筑群结合水道穿插构成园中有园的小园林集群，是一种创新的规划方式。在丘陵起伏的辽阔范围内，还开凿了一系列湖、海、河、渠，尤其是回环蜿蜒的龙鳞渠，反映出当时高超的竖向设计技术。就园林的总体而言，龙鳞渠、北海、曲水池、五湖构成完整的水系，摹拟天然河湖的水景，开拓了水上游览的内容，这一水系又与积土石为山的做法相结合，构成丰富的、多层次的山水空间。西苑在古代皇家园林设计规划方面具有里程碑意义。

郊外的离宫绝大多数都建置在山岳风景优美的地带，如“锦绣成堆”的骊山、“诸峰历历如绘”的天台山、“重峦俯渭水，碧障插遥天”的终南山等。这些宫苑都很重视建筑基址的选择，创造了人与自然相和谐的人居环境，同时也反映出唐人在宫苑建设与景观建设相结合方面的高素质和高水准。如长安西北的九成宫，利用高险地形，高处建高阁楼台，低处开凿为池，形成华丽的建筑群。唐代禁苑范围辽阔，树林茂密，建筑疏朗，十分空旷。除供游憩和娱乐活动之外，禁苑还有

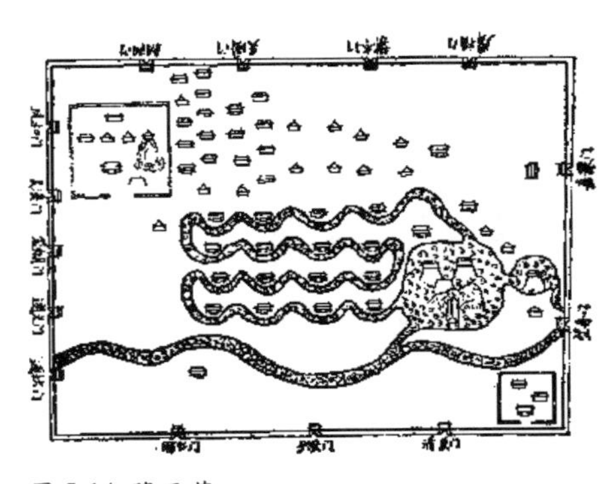

图 5-14 隋西苑

驯养野兽、马匹的场所，供应宫廷果蔬禽鱼的生产基地，以及供皇帝狩猎、放鹰的场所，其性质类似西汉的上林苑。

5.3.3　寺观园林

佛教和道教在唐代达到了普遍兴盛的局面，寺观的建筑制度也趋于完善，由于寺观内进行大量的世俗活动，成为城市公共交往的中心，它的环境处理也必然将宗教的肃穆与人间的愉悦相结合考虑，因而更重视庭院的绿化和园林的经营。长安城内的佛寺，多数都有园林或庭院园林化的建置，繁花似锦、绿树成荫（图5-15）。著名的慈恩寺便以牡丹和荷花最负盛名，文人到慈恩寺赏牡丹、赏荷成一时风尚。新科进士到慈恩塔下题名，也传为美谈，这些正表明了寺观园林兼具城市公共园林的职能。

另一方面，由于佛教、道教本身的宗教教义即包含着尊重大自然的思想，兼与魏晋南北朝以来形成的传统美学思潮相融合，其环境的选址经营也就力求汲取自然山水环境之美。因此，寺观不仅在城市兴建，还遍及郊野。全国各地以寺观为主体的山岳风景名胜区，到唐代差不多都已陆续建成。如佛教的大小名山，道教的洞天、福地、五岳等等，既是宗教活动中心，又是风景游览的胜地。

5.3.4　公共园林

承接魏晋名士"兰亭之会"的公共园林雏型，伴随山水风景的开发，隋唐时期，园林化公共游览地和邑郊公共园林层出不穷，日益普遍。长安城南的乐游原，地势高爽、境界开阔，佛寺点缀其间，颇具人文魅力。著名的曲江池泊岸曲折优美，环池楼台参差，林木蓊郁。池北岸高地是观景佳处，北望全城历历在目，宫阙的壮丽侧影尽收眼底；南望则一带郊原，远及南山。每逢上巳节，按照古代修禊的习俗，皇帝例必率嫔妃到曲江游玩并赐宴百官，平民则熙来攘往，洋溢着自然和煦的生气。曲江池还以"曲江宴"而闻名，每年春天新科及第的进士在此设宴，百姓竞相观看，热闹非常。曲江池是世俗文化、人文底蕴与自然环境完美结合的公共园林经典范例。

图5-15　甘肃敦煌莫高窟第338窟初唐壁画中的园林

复习参考题：

1.评述唐长安的城市景观特征及设计理念。

2.举例说明唐代环境艺术对日本产生了哪些重要影响?

3.为什么说唐陵具有当代地景艺术特征?

第 6 章　两宋环境艺术

北宋（960～1127 年）结束了唐以后五代十国短暂的分裂割据局面，重新统一中国；南宋（1127～1279 年）是北宋覆亡后由宋宗室在南方建构的政权。两宋时期，社会相对稳定，农业迅速恢复，城市商品经济繁荣，市井文化勃兴，教育空前普及，科举制度较唐更为开放平等，造就了历史上最庞大的士阶层，在这一历史时期，无论经济、文化，还是科技，都达到了中国封建社会发展的最高阶段，曾被历史学家陈寅恪称之为：“华夏文化，历数千载之演进，造极于赵宋之世。”宋代全面的经济发展引起城市的巨大变革，宫城在城市环境当中唯我独尊的城市模式逐渐削弱；《营造法式》形成世界领先水平的建筑控制系统，控制着严格的礼制秩序和差序格局，中轴线组织的外部空间设计臻于纯熟；与此同时，雇募制激发的创新精神，又充分地表现在建筑群及单体建筑造型的多样化当中；崇文的宋代还将哲理内涵寓于环境意境塑造，注重伦理教化及“与天地合其德”的审美意象；此外，极大的物质丰富使得社会文化心理发生变化，建筑艺术风格继豪迈的盛唐之风后，也关注于细部的刻画、推敲，风格趋向柔和绚丽；宋代的园林艺术也渗透着更为强烈的文人气质，形象精致、含意微妙，是写意园林的成熟时期。

6.1　城市环境艺术

6.1.1　东京

在客观因素的制约或影响下，北宋东京都城沿袭五代旧都，其宏伟及完整性虽逊于汉唐，但却不拘一格地改变了传统做法，成为新一代的模本（图 6–1）。如采用三城相套的格局，皇宫规模较小，且处于城市中央地带，打破了此前宫城居于全城北部中央的传统，又与《考工记》不谋而合，为以后各代都城规划遵循。而沿用了旧衙署的东京宫殿，其整体地位虽在城市中不够突出，但通过改造旧城，采用御街、千步廊制度，造成了宫前广场的高潮，也成为明清紫禁城效仿的楷模。宋代城市面貌最重

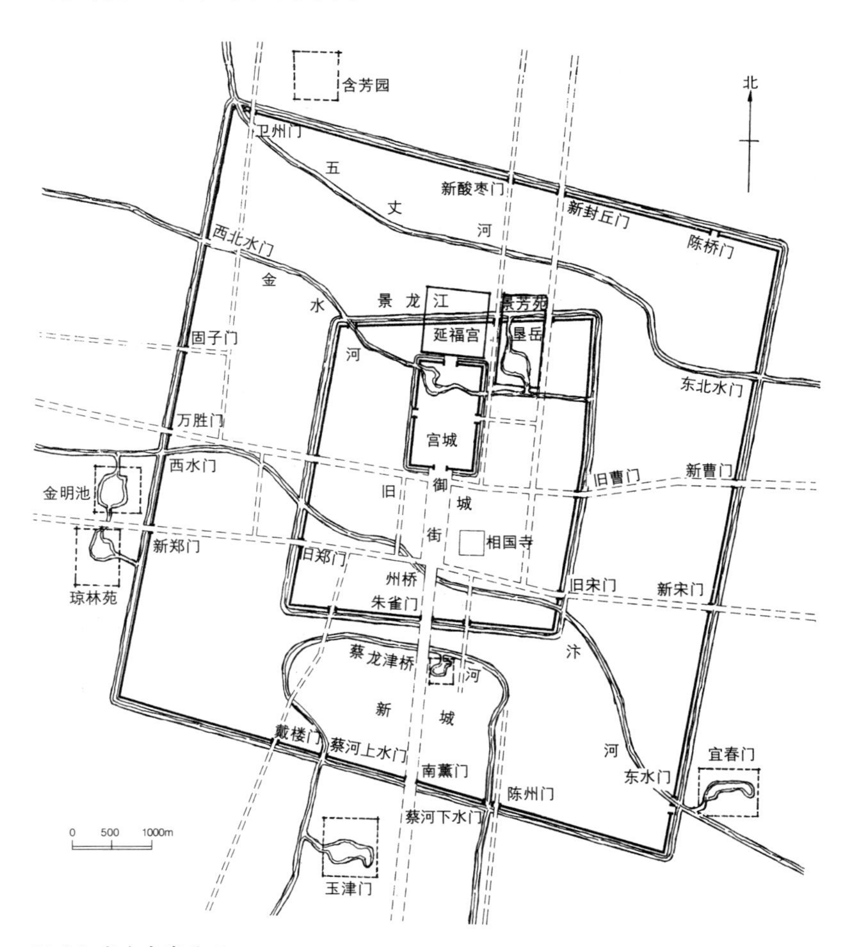

图 6-1　宋东京城平面

要的变化在于封闭的"坊"、"市"制度彻底解体，形成开放型的空间结构。在此前采用里坊制度的中国城市中，居民被限制在坊墙之内，大街上只见坊墙，不见居户，市场局限在某几座坊内，入夜全城宵禁，交易停止。宋朝彻底冲决里坊和夜禁制度，形成了按行业成街的情况；邸店、酒楼和娱乐性建筑遍布东京，有的还通宵营业，"大抵诸酒肆瓦市，不以风雨寒暑，白昼通夜骈阗如此"。此外，还出现了"瓦市"，即以勾栏——最早的公共露天剧场为中心而形成的集市，东京城内共有六处，最大者可容纳数千人，是占有一定空间的专门市民娱乐场所。

繁荣的商业甚至进入了佛寺，以相国寺的庙市最为著名。人们利用两廊和开阔的院落空间，临时架设售货棚，清静的佛寺一时也成了重要的世俗活动场所，融入东京城内的世俗繁华景象。与隋唐长安严肃整饬以至单调的格调相比，北宋的都城更加市民气和热闹生动，是中国城市的一大转折。此后，类似于现代城市的商业街道才成为普遍现象。

图 6-2 《清明上河图》所展现的东京城优美的绿化景观

东京同时也是著名的园林城市，仅帝苑就多达九处，最著名的是宋徽宗时所建的艮岳。大臣贵戚的私园也布列东京内外，“都城左近，皆是园圃，百里之内，并无阒地”，园林总数不下一、二百处，商店酒楼也设置园亭吸引游客，而普通城市住宅庭院也有充分的绿化与美化。东京城还有着良好的街道绿化景观，宫城宣德门外御街前期栽种杨柳，后来在御沟内种植莲花，近岸植桃李梨杏，形成高低不同的立体绿化层次；城内其他街道两旁主要栽种槐柳；周围50里的护城河内外也都种植杨柳，形成巨大的环城绿化带（图6-2）。

6.1.2　平江

宋代一般地区性城市环境在继承历史传统的基础上也有所发展，形成新的时代特色，平江（今苏州市）即为代表性城市。平江历史悠久，四周水网密布，商业发达。春秋时代吴王阖闾命伍子胥在此建阖闾城，沿替不废。南宋绍定二年（1229年）平江图碑（图6-3）准确地反映了南宋平江的面貌。平江城的最大特点是拥有水道和陆路两套交通系统。除街道外，城墙内各有河一道，城内河道又有干线和密渠分布，构成与街道相辅的交通网，严整而有规划。城中住宅、商店和作坊都是前街后河，居民以舟代步，十分便利。平江城中多桥，大多为弓形石拱桥，利于通航。波光桥影，桨声欸乃，构成江南水乡城市特有的秀丽风光。

平江城街道网格并不严格对称，但注重街道的美化。许多高大建筑都面临大街，或作为大街尽端的对景，街两旁还有坊门作为空间的限定。高大建筑互相呼应，均匀地分布于全城，再加上寺、塔、店、坊门等丰富的形式，共同掩映于拱桥帆影之间，使全城的立体轮廓富于变化，成为有机的整体。

平江城外高地上建有高塔，是城市的标志和标示城门的点缀。如西北虎丘山上的云岩寺塔、西南天平山和灵岩山上的塔，离城几十里就能看到。城西北阊门外的半塘寺塔、枫桥寺塔与阊门，西南盘门内的瑞光寺塔与盘门，都结合而成丰富的构图。塔的宗教意义已渐消退，景观审美意义更加突出。

艺术风格成熟于宋代的楼阁，是塑造城市景观的重要

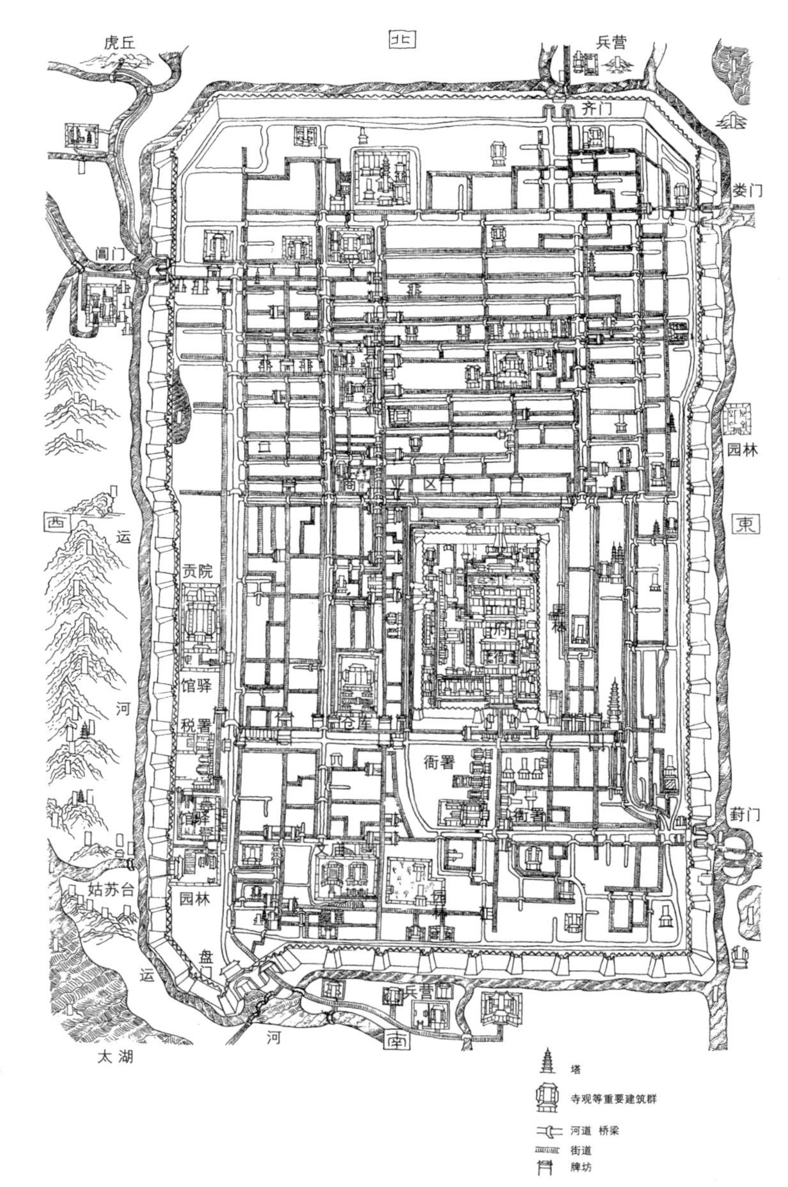

图6-3　平江府城图

因素。楼阁往往建于城市边缘临江或临湖地段的风景佳胜之地，楼内楼外空间流通渗透，适合眺望，宜于得景，并与城市联系密切，尺度和造型都经过精心构思，与自然有和谐的呼应。楼阁本身也补充了自然之美，成为被观赏的对象。如湖南岳阳洞庭湖西岸的岳阳楼，湖北武昌长江南岸的黄鹤楼，江西南昌赣江江干的滕王阁，均享有盛誉。

6.2 建筑环境艺术

6.2.1 单体建筑环境

在宋代经济的发展，商业、手工业的繁荣的背景下，朝廷采用的雇募制度极大地激发了劳动者的创造性，建筑技术产生质的飞跃。反映在外观形象当中，建筑屋脊与屋角起翘之势加强，檐口也不如先前厚重，坡度稍有加大；柱身造型如梭，有卷杀，较为粗壮，追求“扁方为美”；建筑斗拱尺度较唐代减小，其外观较唐代浑朴之风显得更为轻盈。建筑造型日益丰富多彩，突破单一几何形平面，出现了十字形、工字形、曲尺形、丁字形平面；屋顶多用轻巧华丽的九脊顶，并结合复杂平面，采用不同形式多向穿插、上下重叠，其造型秀丽、绚烂而富于变化，为前朝所不及。例如现存正定隆兴寺摩尼殿，以及宋代界画中的滕王阁（图 6–4）、黄鹤楼等，展现出绚丽柔美的艺术风貌。

两宋还一反唐代单纯追求豪迈气魄但缺少细部的遗憾，而着力于建筑细部的刻画、推敲。屋脊上鸱尾的造型较此前更为丰富多样，形象渐渐由鱼向龙转化（图 6–5）。悬鱼、惹草两种山花面的装饰也随九脊顶而普及，有良好的装饰效果和厌火祥的象征意义。石雕技艺迅速发展，剔地起突、压地隐起、减地平钑等多种手法得到娴熟运用；柱础、须弥座及普通建筑台基构图丰富，雕刻层次分明，凹凸有致（图 6–6）；栏杆花纹也从过去的勾片造发展为各种复杂的几何纹样，雕刻精美，趋向于多样化。宫殿等高等级建筑中建筑彩画的地位更加突出，其色彩、品类增多，等第日趋鲜明；唐代宫殿使用的赤白装彩画已渐衰微，五彩遍装、碾玉装等带有多种动植物、几何纹样题材的彩画开始施用。绚丽多彩的细部装饰与具有多样化平面和屋顶的建筑物组合在一起，大大地增益了宋代工巧精致的环境艺术风格。

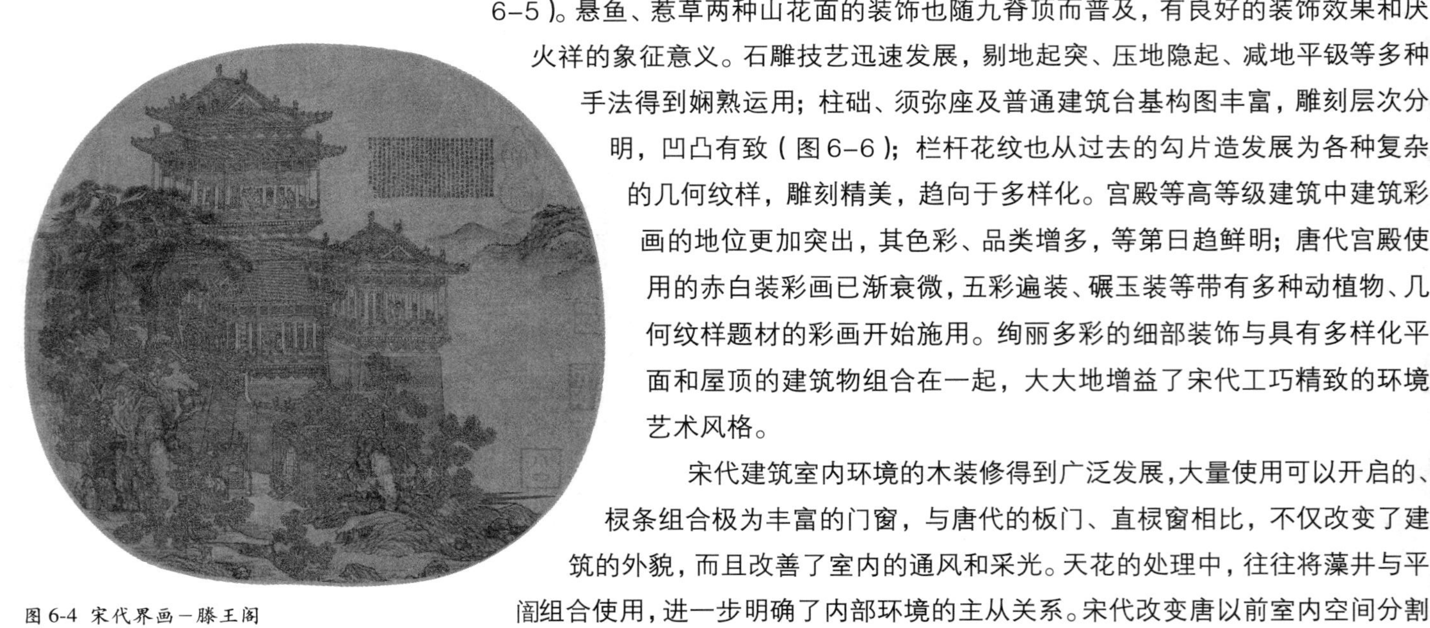

图 6-4 宋代界画—滕王阁

宋代建筑室内环境的木装修得到广泛发展，大量使用可以开启的、棂条组合极为丰富的门窗，与唐代的板门、直棂窗相比，不仅改变了建筑的外貌，而且改善了室内的通风和采光。天花的处理中，往往将藻井与平闇组合使用，进一步明确了内部环境的主从关系。宋代改变唐以前室内空间分割主要依靠织物的做法，开始采用木装修。室内家具废弃了唐以前席坐的低矮尺度，普遍因垂足坐而采用高桌椅，室内空间也相应提高（图6-7）。室内环境的重要装饰因素——绘画也出现了重大转变，此前以表现人物为主的壁画形式日益减少，而以山水、花鸟为题材的卷轴画则备受文人青睐，广为普及，赋予室内环境更浓的审美情趣。

建筑环境装饰中，凤、鹤、鸳鸯等飞禽图案成为重要母题，并具有伦理象征意义，如鹤表父子之情，援引《诗经》“鸣鹤在阴，其子和之”的典故；用凤象征君臣之道，典出《禽经》“鸟之属三百六十，凤之长，又飞则群鸟从，出则王政平，国有道”；鸳鸯象征夫妻之情，“鸳鸯匹鸟也，朝倚而暮偶，爱其类也”；莺则喻交友之道，出自《诗经》中“莺其鸣矣，求其友声”等等，建筑环境艺术“成教化、助人伦”的功能得到人情味地展现。

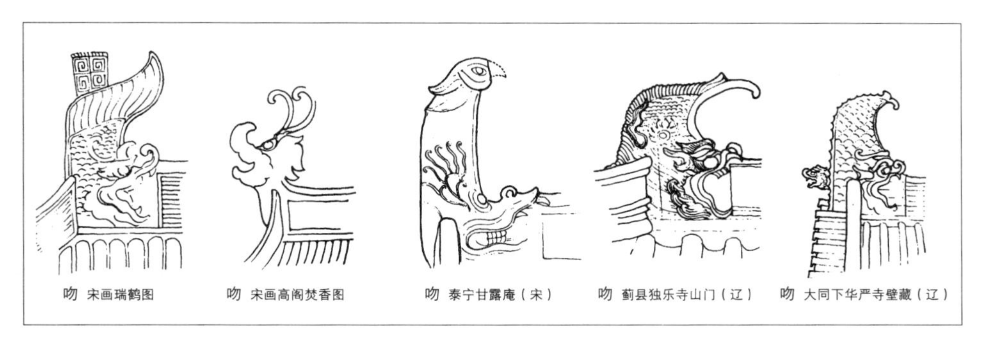

图6-5 宋代建筑细部－吻饰

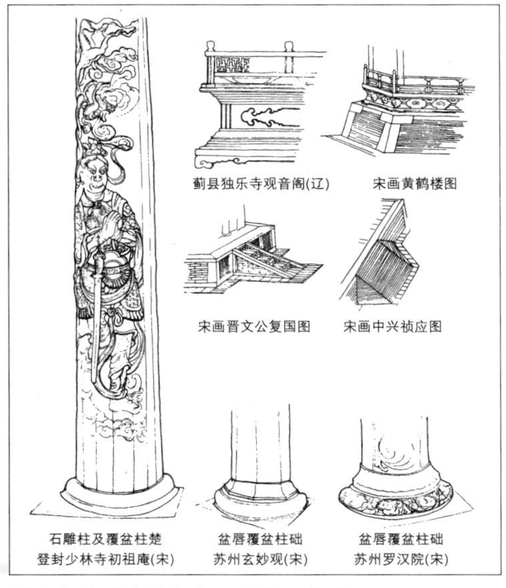

图6-6 宋代建筑细部－台基、柱础

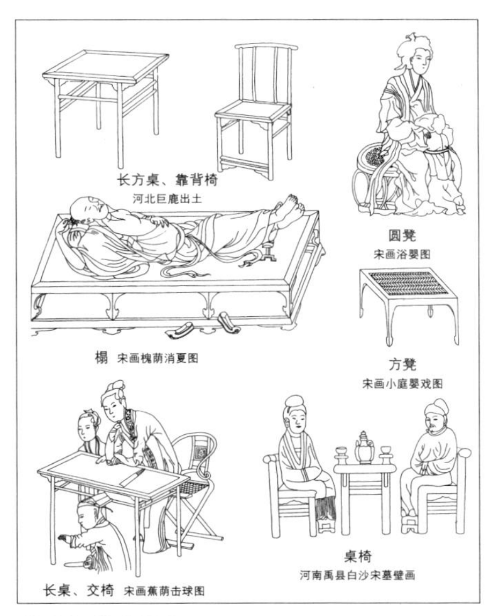

图6-7 宋代家具

6.2.2 建筑群体环境

在“郁郁乎文哉”的宋代，群体空间艺术表现出更为丰富的哲理及伦理内涵。作为中国第一部带有具体建筑法规性质的专著，宋末徽宗崇宁二年（1103年）刊行的《营造法式》详尽制订了用材等第的要求，使建筑群的差序格局更为鲜明。这在宫殿、陵墓、礼制建筑及宗教建筑中表现得尤为突出：长长的中轴线，次第展开的空间序列，建筑高低大小的尺度变化，都体现着一系列等级要求。如北宋皇陵每一座帝、后陵之间，从参拜神道的长短，石象生的多少，上宫下宫尺度，陵台层数等方面，都表现出严格的礼制秩序。在宗教建筑群中，主殿、配殿、山门、廊庑，从建筑用材等第，到院落空间大小、位置的正侧均有不同，宗教的神灵也被纳入世俗的等级之中，显示出伦理文化对环境艺术的强大规范力量。

宋代大规模建筑群的外部空间变化富于创新性，或为单一轴线贯穿始终，或为多条轴线并列，或以十字形轴线构成。其中最具特色的是太原晋祠（图6–8）。晋祠以圣母祠为中心，前方左右分列着众多其他祠庙，各祠庙本身多有自身明确的轴线，但相互之间的关系却比较自由，结合周围园林化的环境景观，呈不规则布局，带有浓郁的园林气氛。河北正定隆兴寺则强化纵深布局，中轴线长达360米，自南而北排布着多座殿宇，串联起规模形制不同的六进院落，建筑高低错落、起伏更迭，层出不穷。就现存宗教遗物可见，其布局既有层层殿宇平面铺展者，又有以高阁穿插于殿宇之间者，以至出现了双阁对峙或三阁鼎立等不同形式，反映

图6-8 晋祠

出宋代高超的整体环境经营成就。

除强调建筑群体内部的空间组织之外，宋代环境艺术的重要成就还体现在建筑群体与自然环境的和谐共生，人们以对自然崇敬、亲和、顺从的态度，进行着环境的设计与美化。

例如浙江永嘉楠溪江芙蓉村，村南有楠溪江支流经过，村北三个山峰，状如芙蓉，南宋曾在村中辟芙蓉池，池中建芙蓉亭，并以此为中心布置村中建筑。整体格局显现为“前横腰带水，后枕纱帽岩，三龙捧珠，四水归心”的风水意匠，有着良好的景观特征和伦理象征意义。又如楠溪江苍坡村（图6-9），现建筑虽已无存，但整体格局仍保持宋时规划面貌，体现着“文房四宝”的寓意，以激励人们奋发有为，引导人们追求“朝为田舍郎，暮登天子堂”的人生理想。优美的环境自然地陶冶了人的情操，这一带于宋代遂成文化发达地区。

寺观的选址与建置也鲜明地反映出建筑与自然环境相融的艺术特征，与周围地势相应，有机地组合建筑、人工绿化、自然景观等诸要素，塑造出具有前导空间——高潮——尾声的景观序列。例如宋时著名禅宗丛林浙江宁波天童寺，寺前的序列空间自镇蟒塔而始，道旁种植数十里松林路作为引导，层峦叠嶂、林木苍翠，使建筑群隐藏于山林之中，营造丛林气氛。当人们通过几十里林路之后，忘却了尘世的喧嚣，培养了对宗教的虔诚纯净的心态，经伏虎亭、古山门、景倩亭，转入双池而终于寺院在望，所谓“青山捧出梵王宫””，环境的整体意境得到升华（图6-10-a～图6-10-d）。

图6-9　楠溪江苍坡村平面

图6-10-a　浙江宁波天童寺万松关与古山门

图6-10-b　浙江宁波天童寺景倩亭

图6-10-c　浙江宁波天童寺寺院院墙

图6-10-d　浙江宁波天童寺入口广场

6.3 园林环境艺术

宋代文化登峰造极，文人广泛参与造园活动，形成继唐代全盛之后又一次新的跨越。北宋园林继承唐代写实与写意并存的创作方法，经百余年发展，到南宋完全写意化，体现出中国古典园林的主要特征，即源于自然而高于自然，达到对大自然风致的提炼与概括，在“简远”当中写入诗情画意，从而使园林能表物外之情，言外之意，蕴含着深邃的意境。这种简远的园林格调随佛教禅宗流传东瀛，对日本禅僧造园形成相当大的影响，对中土其他少数民族统治区的园林发展，如金代皇家园林同样有重要作用。

6.3.1 文人园林

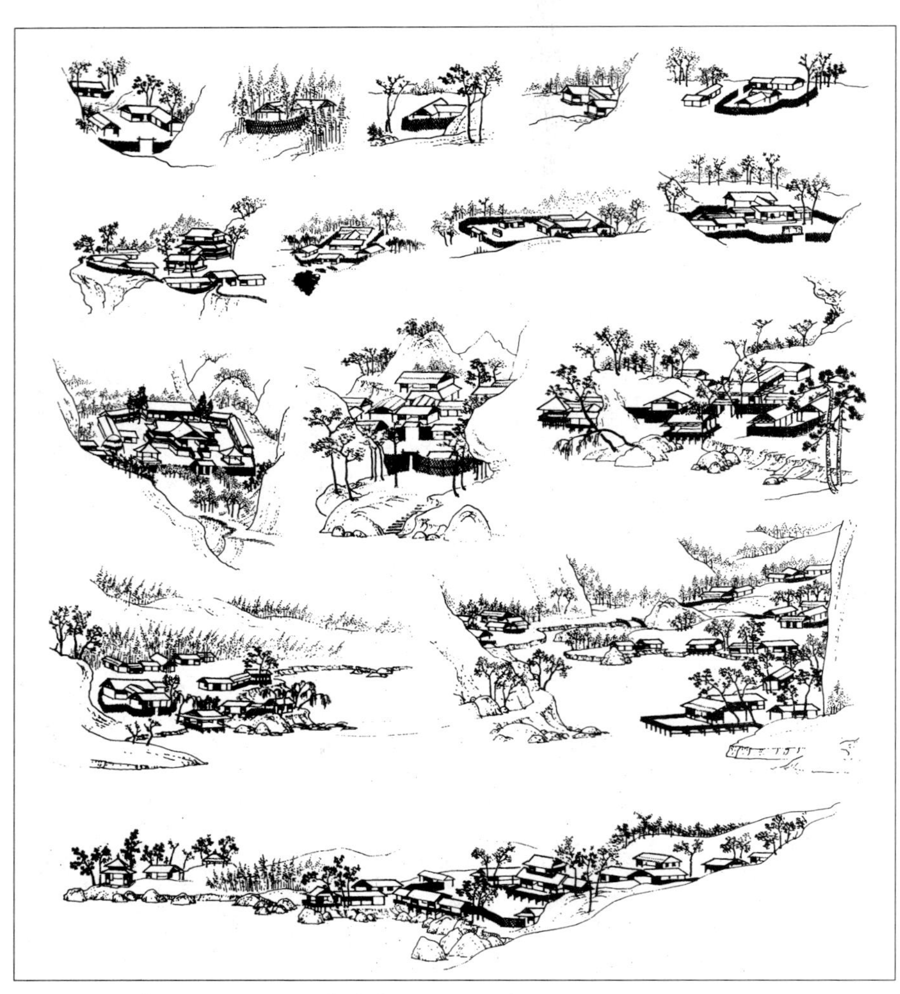

图 6-11 宋王希孟《千里江山图卷》中表现的园居环境

宋代文人园林重视选址，力求园林本身与外部自然环境的契合，强调因山就水、利用原始地貌（图6-11）。园内建筑更注意巧借、摄取园外之佳景，使得园内外两相结合而浑然一体。例如水北胡氏园的玩月台，“其台四望，尽百余里，而萦伊缭洛乎其间，林木荟蔚，烟云掩映”。临安西湖诸园则因借远近山水风景，更是千变万化，各臻其妙。不同的季节也形成相应不同的趣味和意境，如《四景山水图》(图6-12)中的表现。

宋代文人园内景物格局疏朗，建筑数量不求其多，整体性强，不流于琐碎。在大面积的丛植林木中，往往留出隙地，虚实相衬，于幽奥中见旷朗。建筑密度低、数量少，个体多于群体，不用游廊连接，也没有以建筑围合或划分景域的情况。据宋人李格非著《洛阳名园记》对当时私园的记载，园内一般均有较广阔的回旋余地，如在树林中辟出空地“使之可张幄次”，又多有宏大的堂、榭，如环溪的“凉榭、锦厅，其下可侍数百人”等等，开朗空阔。

图6-12 刘松年《四景山水》

宋园筑山往往主山连绵、客山拱伏而构成一体，且山势多平缓，不作故意的大起大伏，形态也很丰富，如坡、坨、阜、岗等，很多都适宜远望园外景色。《洛阳名园记》所记洛阳诸园全部以土山代石山，符合园林疏朗的特征。与此同时，单块太湖石的特置开始盛行，并出现了“漏、透、瘦、皱”的选择和品评标准。宋人对湖石的热爱更甚于唐代，例如米芾得奇石，衣冠拜之呼为“石兄”；苏轼因癖石而创立以竹、石为主题的画体，逐渐成为文人画中广泛运用的题材（图6-13）。至于叠石成山直到南宋末年才开始流行。

宋园中通常都有水面，且常以面积较大的水面为中心，环水疏布景点。如《吴兴园林记》描写莲花庄：“四面皆水，荷花盛开时，锦云百顷。”同时理水的技巧表现出高超技艺，能够缩移摹拟大自然全部的水体形象，与山体的经营相配合构成园林的地貌骨架。

宋代园林内部成景以植物为主要内容，多运用成片栽植的树木而构成不同的景域主题，如竹林、梅林、桃林等。也往往借助于林的形式来创造幽深而独特的景观，例如司马光独乐园在竹林中把竹梢扎结起来做成庐、廊的模拟，代替建筑物而作为钓鱼时休息的地方，是别开生面的构思。宋代园艺发达，园林中多种植各种花卉，每届花时开放任游人参观，增益浓郁的生活气息。此外，植物造景还有着重要的象征意义。竹、菊、梅等，在观赏之外都同样具有诗、画中的“拟人化”用意，象征着人品的高尚节操，种植这些植物也是文人追求理想人格的手段。

图6-13 苏轼《枯木怪石图》

与简远的格调相应，园内建筑物多用草堂、草庐、草亭等。在建筑布设上，已明显见出景物相互之间以及远近之间的有机联系，诸如借景、对景、隔景、障景、漏景等手法都有广泛应用为游者留下联想，回味的空间。

对意境深化的重视使得园林的经营除注重视觉景象的简约之外，还借助于景物题署的“诗化”来获致象外之意。这种做法此前虽已存在，但两宋时代则进一步强化其诗的意趣，从而寓情于景，如西湖十景之“苏堤春晓”、“平湖秋月”；或引经据典，抒发园林主人襟怀，传达创作意匠，如“独乐园”之名诠释了《礼记·乐记》中“独乐其志，不厌其道，备举其道，不私其欲”的精神。其中“读书堂”、“见山台”、“弄水轩”、“钓鱼庵”、“采药圃”等各景点化用著名隐士诗文掌故而创作，传达出主人司马光隐逸以修养自身、保持独立人格的态度。这两种方法均能有效地引发游赏者的联想，因此园林意境较之唐代更为深远而耐人寻味。

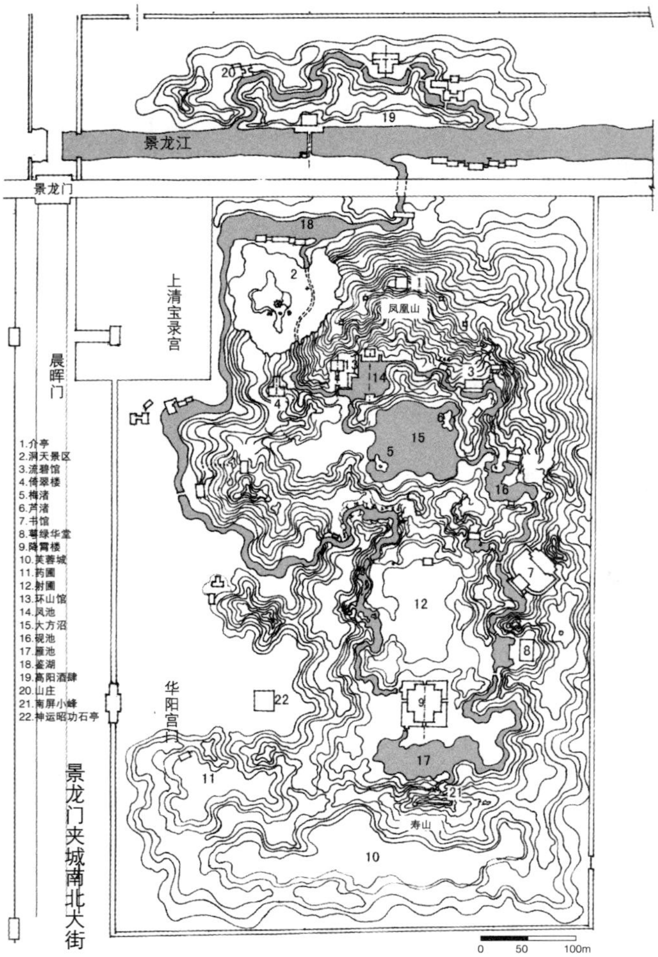

6.3.2 皇家园林

宋代皇家园林集中在东京和临安两地，其规模和造园气魄远不如隋唐，但规划设计的精致则有过之。园林的内容也少皇家气派，更多接近私家园林。东京皇家园林只有大内御苑和行宫御苑。前者有后苑、延福宫、艮岳三处，属于后者的有景华苑、琼林苑、金明池等。

集北宋园林之大成的著名皇家园林艮岳（图6-14）始建于政和六年（1116年），历时六年建成。建园工作由艺术素养极高的宋徽宗亲自参与，工部侍郎孟揆与宦官梁师成具体主持修建工程，经过周详的规划设计，然后“按图度地，庀徒僝工”。其山包平地的山水形制、宾主趋从掩映的空间关系，是风水说在长期实践中对有利的地理环境的一种理论总结，反映了宋人理想的居住环境模式。无论是山水形制的总体架构，还是具体而微的细节刻画，艮岳均取得了远迈前人的造园艺术成就。

6.3.2.1 艮岳山系以土山为骨架，于土山上大量置石，形成土石结合的真实景象。此外还大量特置观赏石，如高13米的“神运昭功敷庆万寿峰”。金代修建大宁宫琼华岛（即清西苑琼岛前身）曾用艮岳遗石，并模仿其叠石技艺。

6.3.2.2 艮岳水源引自景龙江，水面开阖有致，动静相形，注意尺度与形态的对比。总体来说，由于园址面积的限制以及突出“壶中天地”意象的目的，没有大尺度的水面，整个园林以山为主，水体为辅，主要起活跃空间形态的作用。另外，艮岳运用大量特

图6-14 艮岳想像图

殊手法制造动感强烈的水景。艮岳对自然山水细节摹写极为精到：岳岭、冈峦、峡谷、陇阜、崖嶂、峰岫、岩壁、屏坡、磴洞、坞陂等山形，江湖、池沼、溪瀑、泉渚、渊塘、湾汫等水态，基本包括了自然界中所能见到的形式。

6.3.2.3 艮岳中植物品种繁多，仅核心文献就记载了70余种，但还远不能反映全貌。在艮岳一百三十余景之中，冠名含有植物因素的就达45处。无论在品种选择和配植上均颇具匠心。主要景点多选择春季繁花或秋季多实的植物，如丹杏（杏冈）、辛夷（辛夷坞）、梨花（雪香径）、海棠（海棠川）；石榴（榴花岩）、橙柚（橙坞）等。

艮岳以模拟自然山水立意，植物的配置也崇尚自然，在少量点植、夹植方式之外，多成片大面积种植。松竹梅成为控制性的主要树种，也表达了对其代表的品质的追求。植物作为艮岳造景的重要手段，其品种来自全国各地，“不以土地之殊，风气之异，悉生成长”，俨然是皇家植物园，这也是艮岳体现“富有四海”的帝王气象的重要手段。

概括地说，艮岳最重要的成就在于一改以往“一池三山”的仙岛模式，首创以造山为主“兼其绝胜”，摹写人间真山水的新模式。景物真实自然，体现着文人意趣。这一帝王苑囿新模式的创立，对此后历代尤其是清代御苑的经营有重要影响。

6.3.3 寺观园林

随着禅宗与文人士大夫在思想上的沟通即儒、佛的合流，宋代文人士大夫之间盛行禅悦之风，另一方面禅宗僧侣也日益文人化，许多文人园林的趣味也就更广泛地渗透到佛寺的造园活动中，从而使得佛寺园林由世俗化而更进一步地文人化。与此同时，禅宗教义又着重于现世的内心自我解脱，尤其注意从平常生活体味人生真谛，从自然的陶冶欣赏中获得超悟。于是，宋代继魏晋南北朝之后再一次掀起在山野风景地带建置寺观的高潮。宋代以寺观为主体的名山风景区数量之多，远迈前代。如今散布在全国各地的这种风景名胜区在宋代大体上已经成型，明以后的开发建设近乎凤毛麟角。

南宋临安西湖一带，是当时佛寺最为集中的地区，也是宗教建设与山水风景开发相结合的比较有代表性的地区。它们因山就水，选择风景优美的基址，建筑布局结合山水林木的局部地貌而创为园林化的环境。因此，佛寺本身也就成了西湖风景区的重要景点，如灵隐寺、韬光庵等。北宋东京及洛阳城内的众多寺观都有各自的园林，其中大多数都在节日或一定时期内向市民开放，例如洛阳城内的天王院花园子，每到开花时节，园内“张幕幄，列市肆，管弦其中。城中士女，绝烟火游之。”在一定程度，寺观园林已兼具了城市公共园林的职能，形成了以佛寺为中心的公共游览地。

6.3.4 公共园林

北宋东京利用城内外散布的天然池沼，由政府出资加以绿化，并辅以亭桥台榭等建置，形成优美的的居民游览地。南宋临安条件更为得天独厚，著名的西湖历经晋、隋、唐、北宋的开发整治，又经南宋继续建设，成为附廓风景名胜游览地，也相当于特大型天然山水公共园林（图 6-15）。建置在环湖一带的众多小园林则相当于大园林中的许多景点——“园中园”，既有私家园林，也包括皇家园林和寺庙园林。各园基址选择均能着眼于全局，形成总体结构上疏密有致的起承转合和韵律。西湖山水的自然景观，经过它们的点染，配以其他的亭、榭、桥梁等小品的随宜布置，显示出人工意匠与天成自然的浑然一体。著名的西湖十景也在此时形成。一座大城市能拥有如此广阔丰富的公共园林，在当时的国内甚至世界上都非常罕见。后来经历朝的踵事增华，西湖又逐渐开拓、充实而发展成为一处风景名胜区，杭州也相应成为典型的风景城市。

图 6-15 李嵩 西湖图

在经济文化发达的地区，宋代农村也有公共园林的建置。浙江楠溪江中游的不少村落，在宋代达到灿烂的文化高峰，形成一个个具有高质量的自然环境与人居环境的耕读生活社区，每一村落的寨墙外围，都展示着优美的山水风景，村村如在画屏中，令人心旷神怡。寨墙以内，则结合水系建置公共园林，与外围的山水风景沟通起来，两者彼此呼应，成为农村聚落总体景观的有机组成部分。

楠溪江苍坡村拥有迄今发现惟一的宋代公共园林，它位于村落东南部，沿寨墙呈曲尺形展开，以仁济庙为中心分为东、西两部分。西半部以矩形水池为中心，池北为笔直的街道，指向村外的底景“笔架山”，如把村落作为一张铺开的纸，水池如砚池，则东南部的园林景观就呈现出笔墨纸砚的文房四宝的寓意。这种别致的园林造景，表达了当地居民耕读传家的心态和高雅的文化品位。东半部亦以长方形水池为主体，水池尽端建小型佛寺，作为景观的收束。这种园林化居住环境的经营，并非一般私园内向、封闭的格局，它远承魏晋南北朝、隋唐的庄园别墅遗

图 6-16-a　苍坡村长池、太阴宫、望兄亭

图 6-16-b　苍坡村溪门

脉，呈现为外向、开朗、平面铺展的水景园形式，既便于村民的游憩交往，又与周围自然环境相呼应、融糅，增益了聚落环境的画意之美（图 6–16）。

复习参考题：

1.以东京和长安为例,比较说明宋代城市环境艺术较唐代有了哪些发展和创新?

2.宋代建筑室内环境艺术有哪些重要特征?

3.“写意”的特征是怎样在宋代园林当中得到体现的?

第7章　辽夏金元的环境艺术

辽是游牧民族契丹族建立的政权，盛期版图包括今蒙古国、中国东北、河北与山西北部。在辽的统治范围内，原契丹人聚居区仍然以游牧方式生活，汉人则沿用“耕稼以食，桑麻以衣，宫室以居，城郭以治”的传统生活方式。1125年，金灭辽。西夏国由党项族建立，版图包括今宁夏回族自治区、甘肃与内蒙的西部。都城兴庆府周围番汉杂居，经济较发达，西部主要为游牧区。1227年为元所灭。金代是由女真族建立的政权。继灭辽之后，又攻陷北宋都城汴梁，统治了中国北部和中原地区，宋室被迫南迁。金及南宋最后都灭于蒙古政权。辽、金虽与宋长期军事对峙，但他们积极吸收宋的先进科技文化，共同创造了中华文明。山西、河北的北部属辽境内，建筑技术和艺术很少受到唐末至五代时中原和南方文化的影响，因此辽朝早期建筑保持了很多唐代风格。金灭辽和北宋后，在境内全面推行汉化，各族人民的文化素质不断提高，其环境艺术特征兼容了辽与宋的风格，具有一定的特色。

随着元朝（1271～1368年）的统一，原西夏、金、蒙古、回鹘、大理、吐蕃等各自为政的地区联系紧密，形成中国历史上的民族大交流和相互错杂居住的现象，地区之间环境艺术的交流得到加强。元大都的兴建汲取汉地传统都城规划观念，同时融入蒙古族的固有习俗，形成富于特色的城市及建筑环境风格。在统治者提倡下，喇嘛教大为兴盛，西藏地区如喇嘛塔、塑像和装饰等方面的工艺传入内地，为中国佛教环境艺术注入了新的成分。作为世界性帝国，元代国际环境开放，东西方交流空前频繁，伊斯兰教、基督教都得到广泛传播，大量清真寺、回民居住区及基督教教堂就是在此背景下新出现的环境构架。

7.1　城市环境艺术

7.1.1　辽、金、西夏

辽中京以隋唐里坊制城市为规划蓝本，全城中轴对称，宫殿居北，里坊居南，唯中央干道上的市肆、房廊对集中设市有所突破。辽代保持游牧习俗，虽建造宫室，但皇帝主要居于行宫，处理政务也多于游牧活动中进行，其安营扎寨处即宫殿所在，实际上即为一处处毡帐，等级有序，尊卑分明。受到契丹民族“贵日”思想的反映，建筑群一般坐西朝东，与汉地相异。

金中都（今北京附近）的城市规划以宋东京为模式，形成宫城、皇城、大城三套城的格局。在修建宫殿之前，先选遣画工写东京宫室制度，并按图兴建。体现出汉文化对少数民族的深刻影响。中都城还开凿城东北的天然湖沼成人工湖，堆叠琼华岛，建置大宁宫，成为中都风景最佳之处，也即今日北海及中海一带。

西夏都城兴庆府（即宁夏回族自治区银川市）城内道路系统为方格形，纵横九条。西夏王朝规定，“民居皆土屋，有官爵者始得复之以瓦”，因此兴庆城内一般居民住房多为简陋的土屋或覆土、覆毛毡片的木板屋，形成西北边塞城市环境特色。城内正中偏北的宫城建筑宽敞宏大，砖墙瓦顶，与宫外民居形成鲜明对比。此外，还仿唐长安兴庆宫在城西北建了风景优美的避暑离宫，周围数里，亭榭台池，极尽其胜。

7.1.2 元

元代都城大都（图 7-1）是与隋唐长安、明清北京齐名的中国古代最重要的三大帝都之一。其规划由汉人刘秉忠主持，布局体现忽必烈“宏深钜丽”的意向，吸取了宋汴京和金中都的布局形态及建设经验，规模适宜，格局严整，道路系统规则整齐，呈现出庄严、宏伟的外貌，为明清北京城的建设奠定了重要的基础，被认为是历代都城建设最接近于《考工记》所载理想规制的实例。

大都共十一个城门，每门都建城楼，城外有瓮城，它们和角楼、城墙一起，组成了城市外围丰富的立体轮廓。城市中心大街交会处建有钟鼓楼，既是全城的报时机构，也成为主要大街的对景和统率各地段的构图中心。这种在城市中心交会处建钟鼓楼的格局，也成了以后明清华北许多城市的普遍形式。

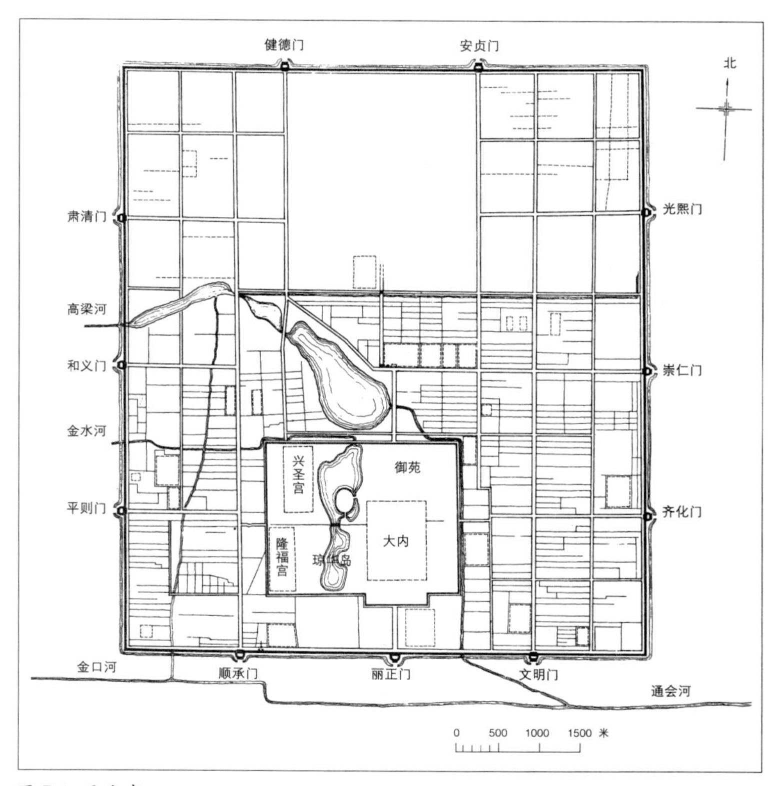

图 7-1 元大都

大都最具特色之处是围绕城市中心的太液池经营皇家园林，进而确定城市总体布置的规划格局。中国古代重要城市的建设均重视与水利资源相结合，如秦咸阳“渭水横渡，以象天汉；横桥南渡，以法牵牛”；隋东都洛阳“洛水贯都，以象河汉”；宋东京“四水贯都”等等，但像元大都这样以广大水面为依据，环水建立宫阙和城市中心的例子却从未出现过，一方面既是蒙古人“逐水草而居”深层意识的体现，另一方面也是规划者对漕运交通、城市景观、生态气候等多方面要素加以综合考虑的结果。太液池内三岛呈南北一线布列，其中最大的即为金代琼华岛，山上树木蓊郁，池中遍植荷花，是城市中心引人入胜的生态景观。规划者还引入西北山系中的高梁河汇成海子（今积水潭、什刹海一带），包入大城，与太液池贯通，又经人工开凿通惠河而与南北

图 7-2 辽代蓟县独乐寺观音阁

大运河相接，使得来自江浙的大船可一直驶入大都，停泊在海子内，漕运非常便利，商贾云集；良好的商业及自然景观环境使得海子周围出现了大批园林寺观，其中有十座寺刹最为著名，故有“什刹海”之称。

这样，积水潭—太液池水域不仅是全城水系规划中最重要的枢纽，具有改善皇城及附近区域小气候的生态意义，同时也成为全城的商业中心及景观中心。这一大胆而睿智的创新使得元大都的城市环境独具一格而富有魅力。

7.2 建筑环境艺术

7.2.1 辽、金、西夏

图 7-3 辽代应县佛宫寺释迦塔

辽代木构建筑承唐代遗风，多采用单一长方形平面，上覆较为严肃的四阿顶，轮廓刚劲有力。装修多维持版门、直棂窗的传统做法，风格简朴、浑厚。现存辽代遗构如天津蓟县独乐寺山门及观音阁（图7–2），山门屋檐伸出深远，斗拱雄大，四阿顶屋面曲线富于弹性，鸱尾两端上翘，整体造型刚劲有力、稳固坚实，体现了唐代雄风。辽代佛塔成就可观，多为砖砌密檐塔，外观肌理模仿木建筑，登峰造极，著名的有北京天宁寺塔、山西灵丘觉山寺塔。辽代山西应县佛宫寺释迦塔（图7–3）是我国现存惟一的木塔，是古代木构高层建筑的实例。

图 7-4 辽代大同善化寺

辽代也重视建筑组群整体环境的经营，精心于各单体建筑之间，以及建筑与远景、近景之间的关系。在独乐寺中，山门与阁的尺度及间距控制合理，位于山门后檐柱位置时，人眼与阁顶的连线和水平线之间恰形成观赏全阁的最佳垂直视角，可以看到阁的屋面，不致被深远的出檐所遮挡，产生良好的视觉效果，说明辽代对汉地空间群体处理经验的继承。主殿左右常陪衬以楼阁，楼阁竖向感强，体量不大，采用形式较富变化的歇山顶，与大体量、庑殿顶、较为严肃的大殿形成性格上的对比。在善化寺，大殿左右各有一座小小的朵殿，对比出大殿的高大。以后又在殿前月台前沿正中加建牌坊一座，台上左右还各加建一小亭，从形式和体量上更加强了对比（图7–4）。

图 7-5 金代繁峙岩山寺壁画

金代木构建筑对宋、辽建筑的一些特点加以综合、发展，在总体形态上，仍取辽代模式，在细部做法上追求新奇、变化，例如屋顶多作四阿顶，建筑开间比例偏高，建筑装饰与色彩比宋更为富丽。一些殿宇用绿琉璃瓦结盖，华表和栏杆用汉白玉制作，雕镂精丽，是明清宫殿建筑色彩的前驱。由山西繁峙岩山寺留存的壁画可见一斑（图7–5）。金代砖构建筑忠实模仿木构建筑，砖雕花饰细密工巧，风格日趋繁琐，如山西浑源圆觉寺塔（图7–6）。

西夏建筑地面遗存极少，最为重要的便是西夏王陵。陵区在一定程度上仿照宋陵，其占地的多寡，建制完备程度，表现出陵墓主人不同身份、等第，说明西夏对于汉人礼制秩序的认同，是“称中原王朝之位号，仿中原王朝之舆服，行中原王朝之封建法令”的具体体现。但王陵在总体布局中的方位变化缺少逻辑关系，又显出其作为游牧民族的某些特点。几座西夏王陵中的主要建筑献殿和陵台皆偏离中轴线，正合乎沈括《梦溪笔谈》中“盖西戎之俗，所居正寝，常留中间以奉鬼神，不敢居之”，体现出西夏与汉族建筑艺术不同的文化内涵。

图 7-6 金代山西浑源圆觉寺塔细部

西夏王陵内多夯土建筑，门阙、角阙、角台、建筑基座等等，其中陵台不仅是一座夯土台，外表还有层层琉璃瓦出檐，下部有赭红色墙身，是西夏人对古代高台建筑的新发展（图 7–7）。

西夏人已掌握了较好的砖、瓦制作技术，尤其是琉璃脊兽及鸱尾，造型活泼，堪称琉璃上品（图 7–8）。石雕技术也比较成熟，其剔地起突式雕刻作品，造型精美，与中原建筑所见相差无几。惟独人像雕刻风格迥异，形体笨拙，身首比例奇特，反映了西夏王陵石刻特有的古拙风格（图 7–9）。

图 7-7 西夏王陵

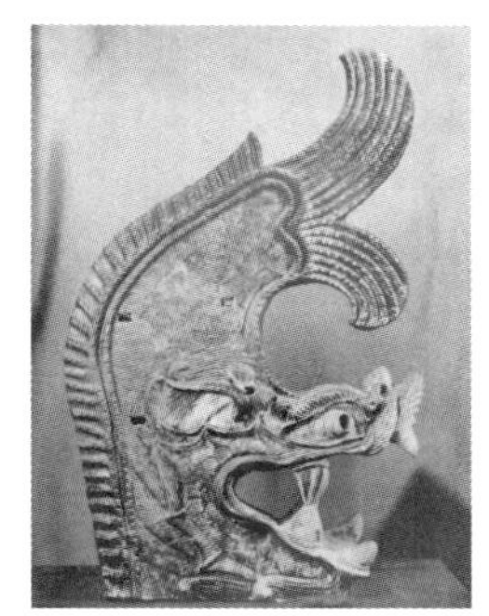

图 7-8 西夏琉璃鸱尾

图 7-9 西夏人像石刻

7.2.2　元

元大都宫殿建筑组群集中地体现了元代建筑环境艺术成就。在严整规则的汉式建筑组群布局中，纯蒙古式的帐幕建筑散落其间（蒙古语称“斡尔朵”即“帐殿”），规模宏大，装饰豪华，帐房和木结构琉璃瓦的殿宇交错分布，勾绘出元代宫室特有的蒙汉建筑融为一体的图画。大都宫殿的色彩环境和室内装饰也富于特色：白石阶基红墙、涂红门窗、朱地金龙柱、朱栏、大量间金绘饰；琉璃也被大量运用，色调浓重、强烈、犷悍。室内则普遍铺厚地毯，用动物毛皮作壁障、帘帷，进行室内软装修和隔断处理。元统治阶级保留蒙古人豪饮习俗，大酒瓮成为元代宫殿中必不可少的陈设之一，表现了蒙古族的喜好和风情（图 7–10）。

图 7-10 元代玉瓮“渎山大玉海”（底座为清代安设）

在佛教领域，异域文化的影响更充分地体现出来。这一时期是藏传佛教艺术传播的时期，西藏地区如喇嘛塔、塑像和装饰等方面的工艺传入内地，为中国佛教环境艺术注入了新的成分。其中最富代表性的是“覆钵式”喇嘛塔，整座佛塔用象征的手法表达了佛教四大和合的哲学思想，其深刻的宗教内涵和新颖独特的形象，使之自元代从尼泊尔传入便受到佛徒喜爱，广为修建。元至八年（1271年）尼泊尔匠师设计的妙应寺白塔（图7-11）就是代表。清初更在都城中心琼岛上修建白塔，成为北京城市天际线的亮点。

元代以前一直受印度建筑文化影响的西藏佛教建筑本身也开始表现出受汉族建筑文化影响的痕迹。重要的单体建筑出现了藏汉结合式，平面仍为藏式，其上却覆以汉式殿宇，在外观上反映出汉式建筑特色。就布局而言，原来的西藏佛教寺院建筑为自由布局，单体建筑之间没有明确的轴线关系，而是利用地形，将主体建筑置于重要位置与低矮的次要建筑形成对比，形成鲜明的群体艺术形象，如扎什伦布寺（图7-12）；元以后出现的藏汉结合式则吸收了汉式佛寺布局，在中轴线后部布置藏汉结合的主体建筑大经堂，例如呼和浩特乌素图召的庆缘寺。

元代也是伊斯兰教在我国的重要发展转折时期，伊斯兰教环境艺术亦然。回族伊斯兰教与内地交流比较充分，元初皇家建筑及西安、泉州、扬州等地的清真寺建造中，都有西域人进行主持或监造。元代伊斯兰建筑所吸收的最重要的外域成就是穹顶技术，但也体现出中外混合的转型特征。例如泉州清净寺拱门（图7-13）。到明清，随着大量融合伊斯兰教义与儒家思想精华的译著出现，伊斯兰建筑也进一步汉化，明清重修或新建的清真寺往往采用汉代木构建筑的多进四合院布局，例如西安华觉巷清真寺（图7-14），与西安典型四合院民居颇为一致。这时，早期传入的外域环境艺术语汇只剩下礼拜殿内拱形的圣龛及各种阿拉伯文字及图案组成的装饰纹样了。

图7-11 妙应寺白塔

图7-12 扎什伦布寺远景

图7-13-a 泉州清净寺拱门

图7-13-b 泉州清净寺拱门穹顶

图7-14 西安华觉巷清真寺庭院石牌坊

7.3　园林环境艺术

7.3.1　辽、金

辽代皇家园林见于文献记载的有内果园、瑶池、柳庄、长春宫等处。外城西部湖泊罗布，亦有私家园林的建置。辽代佛教盛行，南京城内及城郊均有许多佛寺，其中不少附建园林。城北郊的西山、玉泉山一带的佛寺，大多依托于山岳自然风景而成为皇帝驻跸游行的风景名胜，如香山寺等。

金代御苑最著名的是中都东北郊的大宁宫。大宁宫的修建，在当时是结合了城市生活、灌溉、漕运所需，对高粱河白莲潭水域进行的综合开发利用，保障并促使该地区生态环境进一步优化。大宁宫水面辽阔，水中心堆筑"琼华岛"，其山体形象模仿宋东京艮岳，不少山石也为东京旧物。金章宗时的"燕京八景"，大宁宫占有两景：琼岛春阴（图7-15）、太液秋波。中都城北郊的玉泉山为辽代草创。金章宗多次临幸避暑、行猎。玉泉山行宫是金代的"西山八院"之一，也是燕京八景"玉泉垂虹"所在。玉泉山行宫和大宁宫都是金代中都城郊的两处主要御苑，后来北京的历代皇家园林建设都与这两处御苑有着密切关系。

中都佛寺道观较多，其中不少都有独立小园林的建置，或者结合寺观的内外环境而进行园林化的经营，有的则开发成为以寺观为主体的公共园林。其中香山寺的规模尤为巨大。香山寺始建于辽，金代扩建，改名永安寺，附近有"祭星台"、"护驾松"、"感梦泉"等。之后，结合永安寺和其他佛寺、名胜的经营建成"香山行宫"，金章宗曾数度到此游幸、避暑和狩猎。此后，香山及西山一带逐渐发展为具有公共园林型制的佛教胜地。

中都城内及郊外分布着许多人工、天然河流湖泊，其中风景优美处，往往进行绿化和一定程度的园林化建设而开发成为供士民游览的公共园林。

图7-15 燕京八景之"琼岛春阴"，此景系清乾隆朝重修

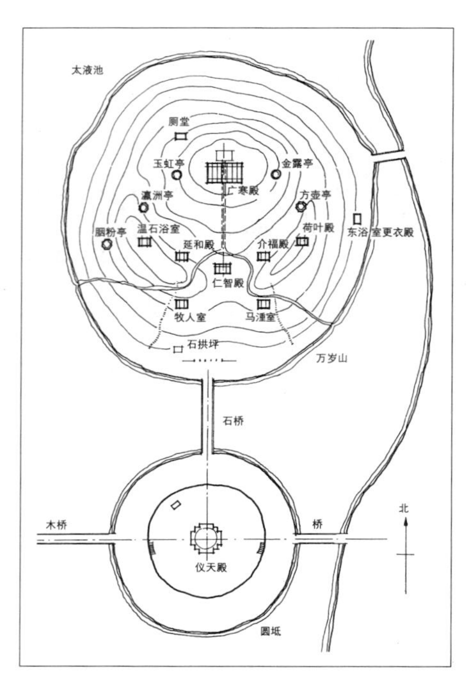

图 7-16 万岁山及圆坻平面图

7.3.2 元

7.3.2.1 皇家御苑

元大都宫城以西的太液池是元代最重要的御苑，其前身是金代大宁宫。沿袭汉地御苑“一池三山”的传统模式，太液池中三个岛屿呈南北一线布列，最大的岛屿即金代琼华岛，元改名万岁山。岛东南两面都有石桥与池岸连接，山顶金代建有广寒殿，元时拆毁重建，其华丽程度超过金代。殿南并列有延和、介福、仁智三殿，东西有方壶、金露、瀛洲、玉虹四亭，有明确的中轴线，布局显得过于严谨，但与大内宫殿气氛比较容易协调。岛四周皆水，宜于月景，广寒殿的命名也正与之相称，表达了统治者追求月宫琼楼玉宇的境界（图 7–16）。

岛上除广植花木外，还利用凿井，汲水至山顶，经石龙首注入方池，这也是艮岳用水方式的发展。而岛上牧人之室与马湩则是元人保持游牧民族习俗的表现。所造温石浴室，“为室凡九，皆极明透，交为窟穴，至迷所出路。中穴有盘龙，左底昂首而吐吞一丸于上，注以温泉，九室交通，香雾从龙口中出，奇巧莫辨”，可见元代匠人技术之精巧。

太液池西岸隆福宫西侧为西前苑，苑内主景是一座高约五十尺的小山，用怪石叠成，间植花木。山上建有香殿，“复为层台，回阑邃阁，高出空中，隐隐遥接广寒殿”，宫城中两处景观制高点成遥相呼应之势。最能反映元代苑囿华丽奇巧的是蓄水作机，在假山上，“自顶绕注飞泉，岩下穴为深洞，有飞龙喷雨其中，前有盘龙，相向举首而吐流泉，泉声夹道交走，泠然清爽，仿佛仙岛。”显现出当时利用机械制造动态水景的高超技艺。

7.3.2.2 文人园林

元代民族等级森严，南人地位低下。众多文人承魏晋遗风，啸傲山林，避世而居，并以描绘山林幽栖作为精神寄托，如钱选的《山居图》，何澄的《归庄图》，王蒙的《春山读书图》等，反映了当时文人山居形态，建筑多为茅舍草屋，布局自由，随山谷形势曲折布置，因地制宜，不拘一格（图 7–17）。环境追求融于自然，以及澹泊绝尘的意境。元代文人这种普遍的山野村居，以及对环境意境的广泛追求，对江南明清村落重视环境的意识产生了重要影响。

图 7-17 元代山水画中的园林 钱选《秋江待渡图》

复习参考题：

1.元大都城市设计理念的原型是什么？它在此基础上的独创发展有哪些？

2.多民族交流的文化背景对于元代环境艺术有哪些影响？

第8章　明清环境艺术

明清两朝是国家长期统一、生产取得不断发展和中国各族文化大交流的重要时期。中国古代环境艺术的现存实物绝大多数都是明清时期遗留。从明朝永乐到清朝康熙、乾隆时期，是环境艺术继秦汉和隋唐之后的第三次发展高潮，也是中国古代环境艺术的总结。

明朝（1368～1644年）前期处于秩序和生产的恢复阶段，社会风气俭约而拘谨，环境艺术多承袭宋元遗轨。明朝中晚期，经过百年政治、经济、文化的孕育和实践的锤炼，逐步形成自身特有的环境艺术风貌，达到成熟的高峰。从都城、宫室、坛庙、陵庙到砖砌的万里长城，都表现了宋元无法比拟的宏大气魄，凸现出城市及建筑环境设计水平的高超。造园活动历经元代和明初二百年的沉寂之后，明中叶又出现新的高涨，呈现出更为普及和深入生活的发展趋向。在建筑选址、园林艺术、室内陈设和家具等方面还出现了若干理论总结的著作，明代也由此显现为富有成就和创新发展的时代。

清代（1636～1911年）统治者虽然是以少数民族入主中原，却大力吸收汉族政治制度，广泛推行科举，免除明代苛捐杂税，实现了较为开明的政治统治。至乾隆时期，社会繁荣安定，人口急剧增加，经济迅猛发展，人均国民收入最高峰时居世界第一位。经济的繁荣导致了环境艺术的发展高潮。清代的城市、村镇环境经营在继承明代已有基础上，主要着重于绿化、水系及景观方面的改造完善，缔造了如北京城的山水城市典范。为促进与巩固多民族国家的统一，清代力倡藏传佛教，异彩纷呈的寺观庙宇汇聚各地民族建筑及园林特点，对民族技术及艺术交流汇合产生积极影响。清代建筑装饰艺术亦迎来飞速的发展创新，广泛吸取各种工艺美术成就，为环境艺术增添了异彩。而伴随乾隆朝全面展开的皇家宫苑的兴造，江南地区也出现了私园修建热潮，以苏州、扬州、杭州为极盛，园林环境艺术达到发展之顶峰。嘉庆、道光以后，清代国力日趋衰颓，1840年中英鸦片战争宣告了中国封建社会的终结，中国古代环境艺术也从历史的极点而走到了必然要改革变化的时代。

8.1　城市环境艺术

作为金元明清四朝都城的北京，城市选址本身即具备了得天独厚的自然地理条件和深厚的历史文化优势。北京西部和北部，是太行、燕山山脉的延伸，山势西北高峻，向东南则逐渐降低，与北京小平原接壤处，已是低山和丘陵。小平原上河流湖泊密布，水资源十分充沛。故而北京西北有层峦叠嶂抵挡塞外强悍风沙；东南向沃野千里的华北平原敞开，具备定居和农业生产的有利条件；更有便利的水陆交通与江南联系，这种优越的自然地理条件在北方实属罕见，是营建都城的理想选择。正如朱熹所称道："冀都正是天地中好个风水"（图 8–1–1–a ~ 图 8–1–1–b）。另一方面，北京又是汉族代表的农耕文化、蒙古族代表的游牧文化和女真民族代表的游猎文化的交叉点，定都北京，客观上加强了多民族国家的统一，促进了民族间文化交流与渗透。这种文化上的多元共生在北京城市环境和园林环境艺术方面表现得尤其突出。

图 8-1-1-a 京师生春诗意图

图 8-1-1-b 中国三大干龙图

明北京的建设是在元大都的基础上改造完成的，在继承元大都的基本格局之外，明北京的自身特色鲜明地体现在以建筑、道路等文化符号有机构成的中轴观念当中（图 8–1–2）。这条轴线南北向呈纵深发展态势，长约 7500 米，贯穿全城，形成三个层次的城市空间序列。自外城正门永定门而始，过内城正门正阳门，向北延伸至皇城前大明门（清时为大清门），这段长约 3 公里的距离拉开了北京城的序幕。初建时，中轴两侧视野开阔，沿线两侧重要的建筑物分别为天坛和先农坛。轴线又自大明门向北抵达皇城正门承天门（天安门），通过端门、午门，直抵宫城后的万岁山（清时称景山），长达 2500 米。这一空间序列是北京城最精彩、最壮丽的区域，大量宫殿建筑井然有序地安置于此，气氛极为庄严、伟大，是真正的城市建设高潮所在。作为这一段高潮终点的景山，是按风水观念人工堆垒而成，它使得沿轴线而来的气势有了强有力的收束，同时也为宫城提供了必要的屏障和背景，是宫城与宫城以外大环境的联系，丰富了宫城中能看到的天际轮廓和色彩。最后，由景山继续向北至钟楼、鼓楼，轴线又延伸约 2000 米而终结，是为北京城市建设高潮的尾声。中轴线上这一系列城门、广场、建筑群及院落的设立，其平面布局纵横交替、造型同中有异，构成统一而多变化的节奏，表现和强化了“非壮丽无以重威”的整体立意（图 8–1–3）。

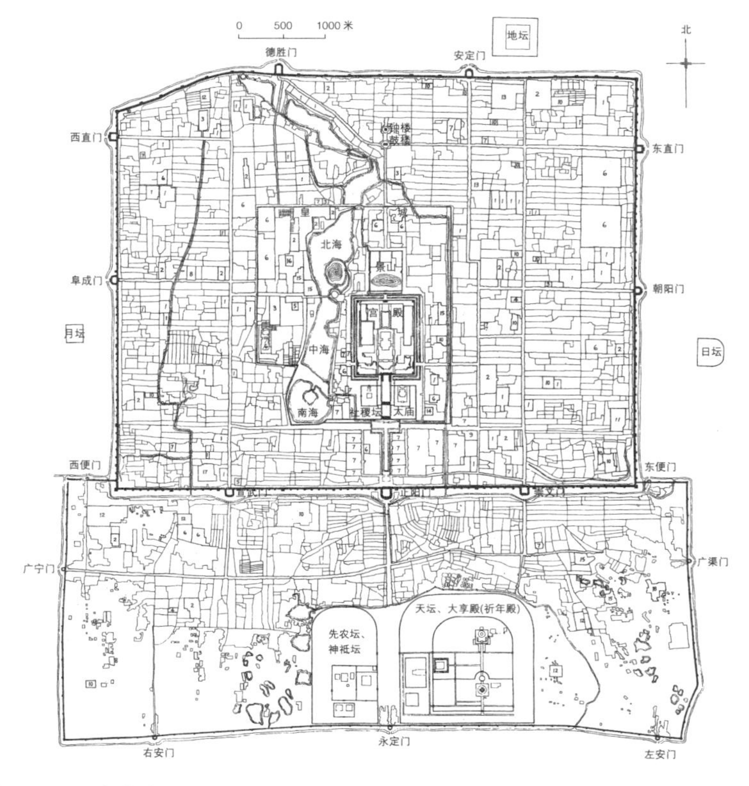

图 8-1-2 北京城平面图

图 8-1-3 紫禁城航拍图

清代全面继承了明北京的既有格局，除局部的改造、更动之外，其经营重点集中在城市水系的整治和相应的皇家园林建设当中。乾隆时期对北京城市水系的整治和园林格局的整体优化，促进了城市园林兴建的全面繁荣。在城市中心，乾隆朝曾大力疏浚太液池，着力经营琼华岛，充分发挥北海的艺术风貌，使历经金元明三朝的北海在继水利中心、生态中心之后又成为都城内真正的景观中心（图8-1-4）；再如西郊皇家园林的建设，是与城市供水、灌溉、水运相结合的综合工程，形成西北郊离宫苑囿群，对于改善城市环境质量，促进城市生态系统的进一步完善有着重要作用，同时更极大地增益于北京的城市魅力（图8-1-5）。又如对面积大于北京城三倍的南苑的开发，在保护其特有的湿地地貌作为生态保护基地的同时，还进行大规模的清淤、植树，利用园林涵养水体的作用达到对永定河的"清流"，进一步补充运河水源，而南苑广阔的林木也成为北京城周围重要的绿化防护带。风气所及，私家园林、寺观园林、公共园林都繁荣兴盛，大大小小的园林遍布京城，带来城市景观、气候与生态系统的整体优化，加以道路与河道沿线绿化，北京城的绿化和水体分布呈点、线、面有机结合的庞大网络；众多园林拱卫的北京城作为完全意义上的生态城市，体现出中国传统文化"天人合一"的最终理想。

图 8-1-4 北海琼岛风貌

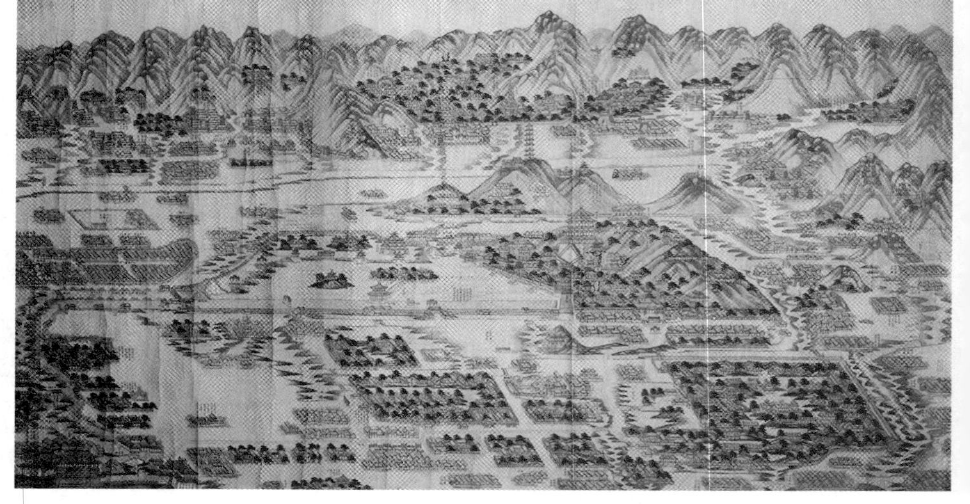
图 8-1-5 北京西郊三山五园图

8.2 村镇环境艺术

古代城市环境在礼制精神规范下，以明晰的理性框架表现着封建社会的等级观念和礼教制度；与之相反相成，传统村镇的环境经营虽然也保留着理性原则和礼俗痕迹，但更多地表现出适应自然环境，与自然和谐并随自然演变而演变的独特风格。现存的村镇聚落多为明清遗存，是这一时期环境艺术成就的重要领域。

8.2.1　自然环境的欣赏

中国传统村镇选址充分考虑周围的山水形势和环境影响，追求“藏风聚气”的空间构成和美好的自然环境。大量族谱、地方志中多有文字或图录形式记述村镇选址依据及周边的自然环境特点，并题有“十景”或“八景”的命名。诗情画意的命名在概括自然景观特征的同时，也大大地增强了本乡本土的吸引力和凝聚力。例如皖南《西递明经壬派胡氏宗谱》“卷一”载有“西递八景”（图 8-2-1），依次是罗峰隐豹、霭峰插云、狮石流泉、驿桥进谷、夹道槐荫、沿堤柳荫、西塾然藜、南郊秉来。前四景介绍了周围山势和水口情况，后四景介绍了村周绿化和文化建筑的情况。皖南呈坎村的《罗氏宗谱》载有“呈坎八景”（乾隆元年续），其中有五条涉及村落周围的自然环境和由环境引发的人文景观。明代棠樾有“复古虹桥”、“令尹清泉”、“横塘月霁”、“龙山雪晴”四景，形象直观地再现了村镇人工形态与周围的山川形势的互为补充，相得益彰，反映人们对周围自然环境的审美与欣赏。

图8-2-1-a 西递八景之罗峰隐豹

图 8-2-1-b 西递八景之霭峰插云

图 8-2-1-c 西递八景之夹道槐荫

图 8-2-1-d 西递八景之沿堤柳荫

8.2.2　村镇环境形态

与幅员辽阔的丰富地形地貌相应，古代村镇环境形态也多姿多彩。在山区和丘陵地带，自发形成的村镇常在接近水源和耕地的山脚或山腰沿等高线自由布置；在背山面水的条件下，往往以直通水源垂直等高线的街道作为村镇的脊线，错落布局。在河道密集的水网地带，村镇多临水布局，或沿河一带，或夹河两岸，或围绕河汊数面临水。而受社会性因素影响，村镇整体环境又常表现出规则的或有寓意的布局形式。如主要受本身安全防卫因素决定的村镇布局常表现为封闭式向心形式；在受以血缘关系的宗族聚居为主要因素影响而形成的村镇中，常表现为以宗祠和支祠为中心的布局形式；在居民以相同宗教信仰为纽带而聚居的村镇中则

图 8-2-2 西递村落全景

表现为以宗教寺院为中心的格局；因商业经济发展而形成的村镇中，通衢大道、水旱码头和集市位置往往在规划布局中起着举足轻重的作用。此外，受中国传统文化影响，为祈求家道昌盛、子息繁荣，村镇环境规划还往往采用一些含有伦理教化或吉祥寓意的布局形式。前文述及的宋代浙江永嘉楠溪江的苍坡村等，以及皖南黟县西递、宏村等就是此类典型（图 8-2-2）。

8.2.3 村镇景观构成

村镇环境经营不仅注重选址及整体形态与环境的相契，本身的景观构成也体现出卓越的环境艺术成就。以皖南村镇为例，其空间序列构成清晰，层次转换具有起承转合的韵律效果。

村镇周围一般不设外部边界围墙，而是在距离村落一里左右的水流流出处——水口附近布置有丛林或零星标志性建筑，也就是所谓的水口塔、水口亭及风水林等，这些是划分村落领域与外界空间的界定标志。因此，水口的选择与经营对于村落的外部序列景观有着重要的影响。黟县南屏村的水口造在村口山水交会之地，其旁大量种植高大树木，进一步增强水口藏风聚气的作用。水口附近除结合水体经营曲水园等，还建有魁星楼、文昌阁、观音阁等，富于人文气息，很大程度地丰富了村镇群体景观（图 8-2-3）。歙县许村村口景点则由高阳桥、牌楼、大观亭等组成，参差错落，形成突出的竖向景观，与水平伸展的村镇形态产生对比，成

图 8-2-3-a 清嘉庆 南屏叶氏族谱 南屏村全景

图 8-2-3-b 南屏村村头景点远眺

图 8-2-3-c 南屏村村头曲水园、万松桥及观音阁

为村镇的地标（图8-2-4）。水口处的桥梁也是构成风景的重要元素，如歙县观音桥、廊桥等（图8-2-5），也是村民对其他景色的观赏点，在空间上具有对外封闭、对内开放的双重性格，如同一些村落的影壁起到村落屏障和门户的作用。

转过水口，村落的整体景观随即有秩序地展现开来，村口通常设有高大的祠堂与牌坊，以其特有的高大威严和纪念性表现出村落的文化特征和经济实力，同时使村口空间呈现一定的开放性，隐喻“地灵人杰”的宇宙思想（图8-2-6）。转过村口的公共建筑，接续下来是一段段狭长拥挤的街巷。街道两旁民居紧依街巷而建，两侧界面坚实高耸，街巷空间范围十分清楚，空间包围感强，起伏交错的马头墙勾勒出丰富的天际线。其平面多有曲折，转折处多以漏窗和门楼作对景或用不规则空间作为入宅过渡，人行其间具有步移景异的效果（图8-2-7）。街巷轴线的对景往往是村落中心的界定标志，或为角楼、拱门、牌楼，或为主体建筑一角，隐伏着下面的村落中心。在村落的核心部位往往有一个由公共性文化建筑或商业建筑围合的广场，用于集市贸易及社交活动。这一相对开敞的围合空间与狭窄、封闭的街巷形成强烈对比，也使得整个村镇序列达到高潮（图8-2-8）。

图 8-2-4　歙县许村村头景观

图 8-2-5-a　歙县廊桥远景

图 8-2-5-b　歙县廊桥内所见村景

图 8-2-7　南屏村上叶街民居

图 8-2-6-a　黟县棠樾村村落入口牌坊群

图 8-2-6-b　歙县许村村头牌坊

图 8-2-8　宏村月塘

8.3 建筑环境艺术

8.3.1 单体建筑环境

8.3.1.1 建筑外观形象

图 8-3-1 太和殿

明代木构建筑面貌向新的定型化方向发展。由于角柱生起取消，屋檐、屋脊由曲线变为直线，出檐减小，屋角短促，其整体形象不如唐宋时舒展而富有弹性，但也增添了几分凝重的色彩，如太和殿（图8–3–1）。斗拱不再起到结构作用，渐趋于孱弱细小。明代砖石筒拱技术迅速进步，在城池、无梁殿的兴建中大量运用，砖石与木构技术相结合，还出现了城楼、箭楼、钟鼓楼等新的建筑形象（图8–3–2）。砖山墙的普及，也导致了新的屋顶形式——硬山顶的兴起和普及。砖石雕刻吸取了宋以来的手法，比较圆润成熟，花纹趋向于图案化、程式化。琉璃技术自南北朝接受西域影响之后，在明代发展达到鼎盛，从屋脊装饰到彩画，从装饰构件到出跳斗拱，应用广泛；还出现了琉璃照壁（图8–3–3）、塔、琉璃牌坊、琉璃门以及琉璃香炉、碑、神龛、佛座等特殊品类，蔚为大观，并于明末反传中亚，促进了当地琉璃技术的发展。

图 8-3-2 北京钟鼓楼

清代进一步简化木构构造，发展整体式构架，使得柱身加高，斗拱层变矮，屋顶坡度变陡，出檐减少。低矮沉稳的风格减退，而代之以轻巧、规整、华美的面貌。清代对于木结构的运用也更加灵活，突破唐宋以来平稳的轮廓造型，出现大批复杂的形式，例如山西万荣飞云楼、秋风楼（图8–3–4），山西运城解州关帝庙等。并用框架法构造出较大型的高层建筑，如承德普宁寺大乘阁、北海极乐世界殿等（图8–3–5）。同时，更利用成熟的木构技术，大胆变异矩形平面，创造出更加丰富多彩的建筑形式，如北京颐和园扬仁风内的扇面殿，圆明园内万方安和的卍字殿（图8–3–6），北京西苑内的双环亭等，体现出丰富的艺术构思；与之相应，屋顶形式及叠落穿插也更加丰富，盝顶、囤顶、盔顶、扇形顶等异型屋顶及组合方式纷纷出现，并使用不同材料装饰屋顶，或在屋饰上添加雕饰等等，都为清代屋顶造型艺术增颜添色。

8.3.1.2 建筑装饰、装修及家具陈设

图 8-3-3 北京北海九龙壁局部

建筑装饰装修是建筑环境艺术的重要构成部分。明清遗留的建筑数量甚多，其类型之全、地域之广、较之前代有着无可比拟的涵盖面，是建筑装饰装修艺术取得重大发展并最终成熟的时代。

■ 装修

装修是指建筑的内外维护结构及空间分隔构件，门、窗、栏杆、隔扇、罩类等均在此列。概括起来，可从装饰效果、室内环境的划分及工艺特征几方面进行简述。

图 8-3-4 山西万荣秋风楼

图 8-3-5 北海极乐世界

图 8-3-6 圆明园万方安和

明代装修风格相对简洁，隔扇门窗棂格多采用直棂条构造原则，如井字格、斜方格、一码三箭等，也包括稍具美化的回字、步步锦、书条式等。清代趋于复杂，盛行拐子纹，以及更为复杂的整纹、乱纹等，后期则显现出自然主义倾向，逼真写实的雕饰技艺取代了原有的抽象风格。清代藻井雕饰工艺也明显增多，龙凤、云气遍布井内，中央明镜部位多以复杂姿势的蟠龙为结束，北京故宫太和殿藻井是优秀实例之一（图 8–3–7）。

图 8-3-7 太和殿藻井

宋代发展起来的隔断在明代形式更为丰富，包括板壁、屏门、格子门，各类罩子，几腿罩、落地罩、栏杆罩、花罩等，此外，还用太师壁、博古架等，与室内家具陈设相配合，形成了典雅的室内环境。清代在继承明代成就基础上，更强调疏密相间，隔而不断，以花罩、纱隔和菱花窗及博古架最为突出，而飞罩、横披窗等意向性隔断，将室内空间的区划与交融联为一体，在原本规整简单的传统空间中创造出玄妙难测的空间变化来（图 8–3–8）。例如，同治十三年重修圆明园时天地一家春殿内安设葡萄式天然栏杆罩、子孙万代天然罩等。花罩是南方装饰手法影响宫苑建筑的极成功之处。而雍正以降，西方进口净片玻璃的应用更为装修的通透性开创了新天地。

清代装修广泛吸取各种工艺美术成就，熔于一炉，综合表现出新的艺术形态。装饰手段急剧增多，玉石、金银、螺蚌、纸张、绢纱、景泰蓝、铜锡、玻璃等无所不用（图 8–3–9）；装饰处理与工艺品直接结合，如隔扇门上采用装裱字画，十锦窗型与苏式团扇扇型相互沟通，铺地、门窗棂格、彩画图案从锦缎图案中得到借鉴等等。广泛的技术交流促成风格的高度融合，清代宫廷建筑装饰装修受南方影响甚巨，以南式为时尚；藏传佛教的佛八宝在汉地也广为应用；西方的欧式花叶雕刻、三角或拱形山花、西洋柱式等也在室内环境艺术中扮演着重要角色。

图 8-3-8 避暑山庄水芳岩秀内景

图 8-3-9 清代屏风、宝座

■ 雕饰

木雕是中国古代建筑长期使用的一种装饰手法。明代时，浙江东阳、广东潮汕、安徽徽州等地即以传统木雕工艺而闻名，在大家住宅、祠堂、庙宇中都有大量应用，雕刻部位多在梁枋、垫板、替木等处。清代木雕又有新的发展，各种内檐构架都有雕饰，其内容也从花卉、动物扩大为吉祥图案、人物图案、历史故事、民间戏剧等，甚至作成成套、成樘的连续画面，表意更为充分，构图更为丰富。工艺技法上从平雕起突，而向立体化的高难技法发展，出现了透雕、镂雕、玲珑雕等多层次的雕刻技法，力图在有限的画面上增饰更丰厚的内容（图 8–3–10）。

砖雕是明清新兴的建筑装饰技术，在北京、徽州、河州应用较多。徽州砖雕集中在大门的门罩或门楼上，垂莲柱、上下枋、砖刻斗拱及字匾是最多使用部位。苏州砖雕使用部位及手法基本类似，但多用于内部天井，眩富而不外露（图 8–3–11）。河州砖雕使用极为广泛，包括槛墙、墙头、透雕砖花窗、砖斗拱、砖门楼、砖牌坊，甚至内壁的壁面也用砖刻，如西宁东大寺礼拜殿前殿墙面即为雕刻的博古、花卉竖向砖格扇。

明清石雕是宫廷建筑、寺庙祠堂及富商大户的常用装饰手法。除柱础、须弥座、栏杆之外，还应用于牌坊、券脸、石狮、民居的门枕石、御路等处。清代石雕较之明代技法力求简化，构图布局却更为装饰化及图案化（图 8–3–12）。

图8-3-10-a 浙江建德新叶村文昌阁木雕

图 8-3-10-b 安徽黟县关麓村民居窗

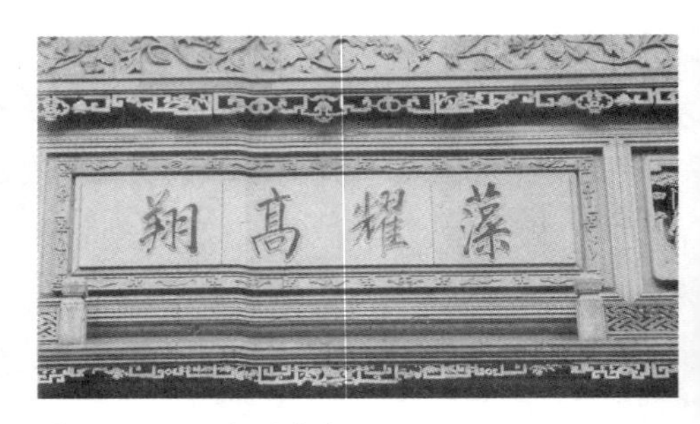

图 8-3-11-a 网师园砖雕

图 8-3-11-b 安徽黟县关麓村民居门头

■ 彩画

明代建筑彩画发展定型，南方彩画以包袱锦构图和写生题材为主，清新淡雅；北方则盛行旋花彩画，浓重富丽。清代彩画艺术造诣达于顶峰，代表最高水平的宫廷彩画分为和玺彩画、旋子彩画和苏式彩画三个等级（图 8–3–13），规制明确，题材广泛丰富，色彩明亮而有意韵，分别用在不同级别及主次关系的建筑当中，可强调出建筑空间构图的重点，提高建筑群体的艺术表现力。

■ 家具

明代家具用材合理，既发挥了材料性能，又充分利用和表现材料本身色泽与纹理的美观，达到结构与造型的统一。框架式的结构方法符合力学原则，同时也形成优美的立体轮廓。其中明代家具以简洁素雅著称，其比例尺度与现代人体工学的分析十分接近。以座椅为例，其座高、座深及靠背、扶手等尺度及靠背曲线均符合人体尺度，并利用线条体现出朴素、清隽的造型。清代家具工艺美术性增强，雕饰繁琐，风格富丽华贵；并与建筑空间相配合，出现了统一形制的成套家具配置，提高了室内环境设计的艺术水平（图 8–3–14）。

图 8-3-12　颐和园佛香阁台基

图 8-3-13-a　和玺彩画

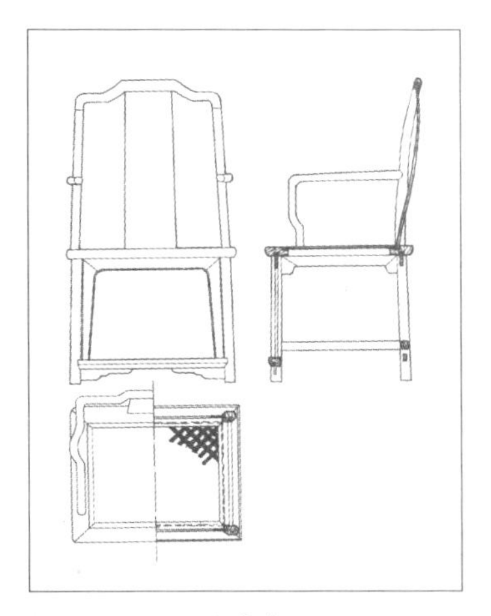

图 8-3-14-a　明代座椅

图 8-3-14-b　清代家具

图 8-3-13-b　旋子彩画

图 8-3-13-c　苏式彩画

8.3.2　建筑群体环境

中国传统建筑的布局自古即以建筑群体组合见长，明代更创造了无与伦比的优秀建筑群，严谨成熟地运用院落和空间围合的手法，使各类建筑群获得充分的性格表现。宫殿的森严、坛壝的崇高、陵墓的静穆、孔庙的清肃、空间环境处理均十分成功。紫禁城平面布局纵横交替，在空间组合上运用外轮廓线的变化及体量对比，造成了统一而多变化的节奏，表现和强化了环境氛围的九鼎之尊。天坛采用简单明了的方圆组合构图，形成优美的建筑空间与造型，以大片柏林为衬托，创造出祭祀天神时的神圣崇高气氛（图8-3-15）；昌平明陵处地山环峰抱，前庭开阔、神道砥伸，十三座帝陵联为整体，是一组依山就势、利用地形和大片森林形成肃穆静谧的陵墓建筑群的成功范例。曲阜孔庙是在二千多年前孔子故宅基础上经数十次改建、扩建而成的纪念性建筑群，多进院落组合沿纵轴方向层层推进，充分发挥了空间与环境的陪衬作用，清肃壮丽，别具一格。

清代全面继承明代成就，又有多项发展。首先，在空间上改变原来以单层建筑为主体的形式，引入多层楼阁建筑。例如乾隆时仿藏传佛教的“都纲法式”而建造的大经堂式佛殿，空间宏巨，多层相叠，周围还簇拥着两三层的群楼，把原来平面展开的建筑群增饰出立体变化的效果。其次，通过建筑群布局及建筑类型和形体，创造出有可读意义的空间环境。如承德普宁寺体现佛国境界的“曼陀罗”，承德普乐寺的坛城构思和对大乐修行的隐喻，都是意匠深刻的实例。第三，清代建筑群规模庞大，大量庙宇宫观园林祠院是建造在起伏蜿蜒的山坡丘壑，与自然环境紧密结合，并利用上下错落的地形，以悬挑、错层、回旋等处理手法组织各类建筑，构造出多变空间，例如山西浑源悬空寺（图8-3-16）。第四，在继承古代平面规划型制规律的前提下，清代重要建筑院落平面一般采用$\sqrt{2}:1$的矩形，由于$\sqrt{2}$的长度可由正方形对角线求得，施工操作简单，在大型院落组群经营时，大量相似形的反复出现，可取得规律性的形体关系，全部线条具有和谐一致的美感。例如承德普宁寺。

图 8-3-15 天坛组群鸟瞰

图 8-3-16 山西浑源悬空寺

明清卓越的群体空间艺术还深深得益于成熟的外部空间设计理论——“千尺为势，百尺为形”的风水形势说。早至战国中山王陵，这一理论就指导着中国古代建筑实践，但现存实物主要为明清遗存。以紫禁城为例，构成规模恢宏、气势磅礴的紫禁城建筑群各单体，高度均在35米（百尺）以下，其中关键性的节点，如门洞、桥座、月台、踏跺的起止点或交汇点也是重要的观赏点。观看对面建筑的视距，也都受百尺为限，而在百尺之距观看百尺高的建筑，垂直视角为45度，是现代普遍运用的近距离观看建筑的限制视角，水平视角为54度，则是最佳观看视角。在更大型外部空间中，例如午门广场，其深度接近“千尺为势”的350米，此时观看高度在百尺以内的建筑，视角为6度，正是人眼最敏感的黄斑视域，也是现代外部空间设计的重要控制视角，小于6度，空间的景观效果将明显消失，围合效果微弱，人与景物之间将产生疏离感。正是在风水形势说的指导之下，紫禁城达到了宜于远近不同视距观赏的完美效果，产生了所需的精神感染力的视觉形象和空间形象，富于内在的有机韵律。

8.4　陵寝环境艺术

明十三陵采取了群陵成团的布置方式，突破了以往各朝陵墓都单独营建，自设神道，互不相关的传统，采取以成祖长陵为中心，其他各陵环成弧形共用神道的方式，不只减省了人工，也使陵墓区的气势更显宏大，是值得重视的重大创造（图 8-4-1）。整个陵区的选址及规划设计均受风水理论指导而进行，一改传统的帝王陵寝建筑规制中突出表现高大陵体的布局和环境处理手法，特别注重建筑与山水的协调相称。在"如屏、如几、如拱、如卫"的陵地环境中，建筑虽是中心，却又掩映于群山之中，相互交融映衬，建筑与环境融为一体。在陵园建筑的布局手法上，则充分利用地形，依次设置了坊、门、亭、柱、石象生、桥等建筑物，依自然山势缓缓趋高，逐步引导到享殿、宝城，创造出一种流动的、有韵律的美感，把纪念性的气氛推向高潮。在每座陵区的建筑布局与空间处理上，以享殿为主体建筑的祭祀区突出于陵区前部，轴线分明，排列有序的建筑群给人以礼制的秩序感。高耸的明楼和巨大的宝城突起于整个陵区建筑之上，彰显了陵区主人的显赫地位与身份，似乎在象征封建帝业的"永垂万世"。宝顶上遍植林木，给寂静、肃穆的山陵增添了许多生机（图 8-4-2）。

清代陵墓布局继承明十三陵成就，采取集中陵区的方式，形成规模庞大的气势。在风水理论指导下，清代帝王相继于河北遵化及易县创建东、西陵。这两处陵域选址皆为山环水绕、风景绝佳之处，并与轴线感、对称感、尺度感极强的陵寝建筑相配合，形成山川自然美与建筑人文美浑然一体的艺术氛围，被英国著名科学史家李约瑟称为"建筑部分与风景艺术相结合的最伟大的例子。"

从风水理论来看，陵寝选址包括龙、穴、砂、水、明堂、近案、远朝诸内容（图 8-4-3）。龙脉即山脉，要求山势层叠深远，不是孤峰独立，形成月牙式向穴位拱抱。

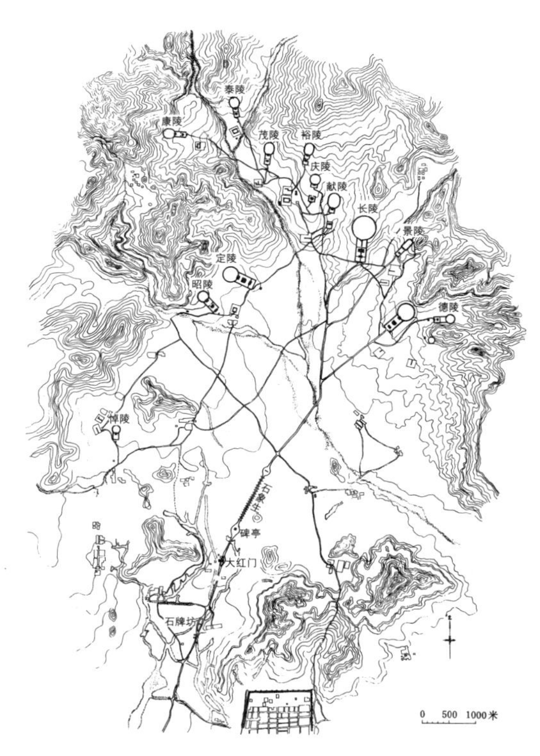

图 8-4-1 明十三陵分布图

图 8-4-2 明显陵方城明楼

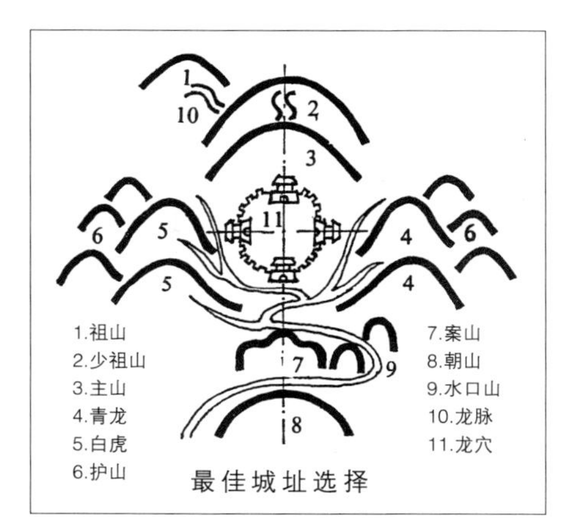

图 8-4-3 风水形势简图

图 8-4-4 泰陵鸟瞰

这样的山势可以遮风纳阳，避洪水冲刷，并在景观上增强宝城气势。砂山是小型山岗，常设置在宝城、方城明楼、享殿、配殿、宫门等以及外围墙垣左右，作为陵寝中的天然围合界面，有内敛向心、分景隔景、屏绝两翼视线干扰和尘嚣的空间效果，也能合同后山阻挡风沙，迎纳阳光，形成较好的小气候。砂山过低可采用施工渣土培高，一举两得。如定东陵左右砂山经培高后，取得遮挡东西侧裕陵妃园寝和定陵妃园寝建筑干扰的效果。

水体对景观形势也十分重要。陵寝环境经营注重使水流产生弯环的动态效果，以获得空间感受上的动静相乘，并借助水面的镜像映射扩大空间感，丰富环境景观的艺术魅力（图 8-4-4）。近案远朝指陵区正面的近对浅岗——案山和远对峰峦——朝山。这种案山、朝山及后龙组成陵区轴线，使得构图呼应，气势连贯，使自然山川形势表现出有目的的情态。山陵林木植树经周密的设计规划和实施，规模大，经营严整，树种的形色味考究，还利用仪树的各种形式及组合，从单株的造型到屏列的树墙，以及群松蔽天、苍翠弥望的“山树”或“海树”，来丰富陵寝建筑环境景观的空间层次，渲染和强化崇宏神圣的山陵纪念气氛。同时，大规模地植树对于遮风蔽尘、保持水土、净化空气、形成良好小气候都有积极的作用。

陵寝组群尤其注重强化视觉空间序列，将典礼制度所需的各种形式、规模的建筑以准确相宜的尺度和空间组织在一条轴线上，形成顺序展开的富于视觉变化的空间群体（图 8-4-5）。序列安排相宜，步移景异，印象逐步加深。在清东陵孝陵中，其序列安排有七段。入口大红门及门前石牌坊为一段，前以金星山为屏，以大红门为前景，纵览东陵全部山川地势，构成独立而开敞的景观；入门后的神功圣德碑亭及四隅华表柱为一段，北有蜘蛛山，南有大红门，使纪念性、标志性建筑形象更为突出；蜘蛛山北的石望柱及十八对石象生群为一段，以北端龙凤门为底景，是雕刻美

图 8-4-5 泰陵神道空间序列

术的天地，各队石刻立姿卧姿互换，动静相称，表达拱卫、朝拜的构思；龙凤门北的单孔桥、七孔桥、五孔桥、三路三孔桥为一段，以神道碑亭为底景，突出桥涵、河渠的路径感，有欲张先弛的效果；碑亭及高台上的东西朝房、东西护班房、隆恩门为一段，组成建筑空间感的景观，达到渐入主景的序幕作用；隆恩殿为一段，为仪式空间，庄严隆重，是主导全部仪典的建筑群体；琉璃花门、棂星门、石五供、方城明楼为一段，宝城作为全局的结束，背依山峦、古木参天，以“孝子思慕”的意匠为主线，形成思想升华的空间，也是纪念序列的最后终结。这样长达6公里，大小数十座建筑，空间感觉各异的序列组织，完成了陵寝的全部构思，较明十三陵更为紧凑、有机，是艺术上的重要进步。

轴线序列设计中，框景是重要的设计手法。清西陵主陵泰陵空间序列中的龙凤门，就构成肯定有力的景框，在其中央，陵区后部中路各建筑，神道碑亭，以及其后隆恩门、隆恩殿，直至840米外的方城明楼，全以严整庄重的对称格局层层高耸。这种景框效应强化了远景上建筑群体雄浑崇宏的气势与魄力。实际也就是风水中所说的“过白”。在清陵的空间序列当中，几乎在所有坊门、券洞、柱坊梁架的构图中，都可看到框景与过白的利用（图8-4-6）。夹景则是利用树木、建筑、山峦将广阔的视野夹住，形成有质量的画面。对于以自然山川为母题的陵寝建筑艺术设计，则“夹景”显得尤为重要，清陵中广泛利用树木、望柱、桥栏达到夹景的目的（图8-4-7），大的景观中的左右砂山、大红门前的左右阙山也有夹景作用。

图8-4-6-a 惠陵琉璃花门过白中的方城明楼

图8-4-6-b 泰陵龙凤门过白中的寝宫建筑群

图8-4-7 慕陵神道桥夹景

作为完整的纪念性建筑空间序列，清代陵寝建筑布局处理，不仅注重观者前行敬祀过程中的步移景异，也注重折返景观的对景设计，始终保持肃穆、庄重的环境氛围。如至孝陵大红门台基前，透过拱门构成的景框南望，远处的石牌坊由陵区入口的空间序标志变为陵区出口的门屏映入眼底，在远景端庄凝重的金星山的衬托之下，显得空透轻灵，产生良好的视觉效果（图8-4-8）。

起伏曲折在轴线景观设计中的作用也很明显。例如孝陵神道以蜘蛛山为转折，使方向略有改变；景陵神道在通过碑亭、五孔桥后，沿弧形神道通路布置石象生；裕陵的龙凤门、石桥之后，以微弯的道路通过碑亭，都是以曲折达到丰富景观的作用，这些都是补充轴线艺术的高妙手法（图 8-4-9）。

图 8-4-9 景陵神道

图 8-4-8 孝陵轴线反顾

8.5 园林环境艺术

明初的统治专制苛酷，思想界僵化，造园活动也基本处于停滞状态，明中叶以后，文化运动开始活跃，与官僚文人优游林下与巨商富贾生活享受的需求相适应，私家建造园林的风气勃兴，以文化发达商业繁荣的江南地区最为繁盛，苏州、杭州、松江、嘉兴等地都在此列。这一时期，文人、画家直接参与造园的比过去更为普遍，个别的甚至成为专业造园家，还出现了计成撰写的专论园林艺术的著作《园冶》。明末清初，园林兴建更出现高潮局面，而在乾隆朝达到鼎盛。盛清以后直到清末，皇家园林已停止建造，私家园林虽有继续，风格却有所变化，渐显萎靡之态，是中国古典园林的尾声。

8.5.1 明代私园

明代私园重要艺术特征之一为巧于因借，巧妙利用周围环境所具有的地形地貌等自然要素，确定园林布局及主景的构成，并将四周美好的景物引入园内。城内筑园多选择幽偏之地，因借周围湖泊、溪流、泉池等水景，并力求有供人眺望畅怀之所。城郊造园多利用天然峰峦岗阜和水面，境界更为开朗疏阔，便于眺远。

明代园林中造景成分也逐渐加重，造景更趋精细，景观构成更为综合、复杂。峰峦涧谷、洞壑层台、瀑布池沼、亭台楼阁、平桥曲径、花圃田庄等各种景观无不齐备，造园手段和技艺较之宋元取得长足发展和提高。

岗阜峰峦——明代假山多数仍是土石并用，除了以往的全景山水缩移摹拟之外，局部地段以石叠成峰峦来象征山水整体，或在山上和堂前立单个石峰等更为深化的写意创作方法也很普遍。明末造园家张南垣所倡导的叠山流派，截取大山一角而让人联想到山的整体形象，即所谓“平岗小坂”、“陵阜陂陀”的做法，便是此种深化的标志。明人在追求“旷如”境界之外，也着力于“奥如”的塑造，在叠山中石料运用日渐增多，表现阴洞幽窟、峡谷飞瀑等“奥如”境界。如南京四锦衣东园的石洞“凡三转，窈冥沈深，不可窥揣。”除此之外还有水洞，清流泠泠。上海露香园有洞，洞内“秀石旁挂下垂，如笏、如乳。”可见明代即有仿喀斯特景观的叠洞方法。

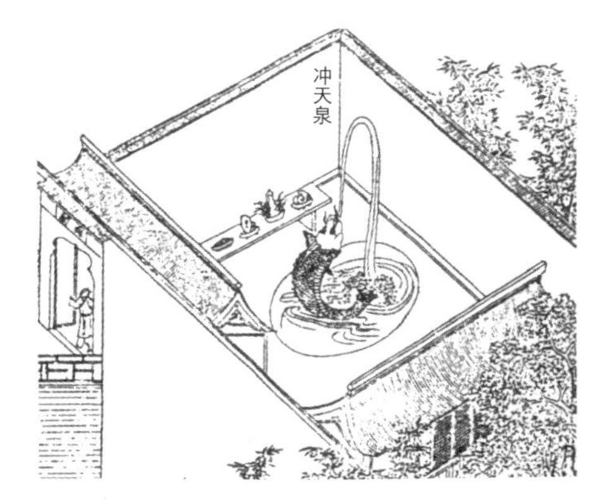

图 8-5-1-1 《环翠堂园景图》中的喷泉

池沼溪流——水面是大多数园林尤其是南方园林的主要造景要素之一，多以池沼、溪流、瀑布的形式出现。水面多者如北京勺园，利用天然泉水，形成“无室不浮玉，无径不泛槎”的境界；水面少者如徐文长“青藤书屋”中仅十尺见方的天池。私园中多利用外水成景，园因水而活。金陵武氏园，池沼借青溪之水，“水碧不受尘，时闻虢虢声”。另据《环翠堂园景图》，还可见到喷泉的出现，这比元代的龙首吐水又进一步（图8-5-1-1）。园内溪流，多曲折环绕，大者可泛舟，如吴江谐赏园，太仓弇山园，小者可流觞，如金陵金盘李园，在山趾凿小沟，宛曲环绕，可行曲水流觞的韵事。

图 8-5-1-2 寄畅园八音涧

涧谷——涧、峡都是指以峻峭石壁或山体形成的谷地，常伴以蜿蜒的溪流涧水，属奥如的景观。寄畅园引“悬淙”之泉水，甃为曲涧，奇峰秀石，含雾出云，至今园中八音涧尚留明人遗意（图 8-5-1-2）。

层台——台是供登高观景所用。明代私园中筑台很多，有土筑平台，石筑平台，旁可固以栏杆。寓园有通霞台，可眺柯山之胜。弇山园之大观台，“下木上石，环以朱栏”，另有超然台，“下距潭数十尺，得月最先”。此类观景台都有高度要求，需以假山作为支撑，因此花费甚巨，影响了进一步发展（图 8-5-1-3）。

滩、渚、矶——滩、矶是水边比岸低的石砌台地，随水面升降时隐时现（图 8-5-1-4）。渚是三面或四面临水的陆地，这种景物宜在水面宽阔时设置。弇山园有大滩，滩势倾斜直下，往往不能收足，而其地宽广，列怪石，植花木，宜于游人小憩。滩、矶多位于岗阜或叠山的临水处。水边一些零散的巨石，也可称矶，如无锡西林的息矶等。渚的景观特色类似于岛、屿。弇山园有“芙蓉渚”，其地多植芙蓉。归田园居有卧虹渚，是桥畔三面环水之地，有石可息。

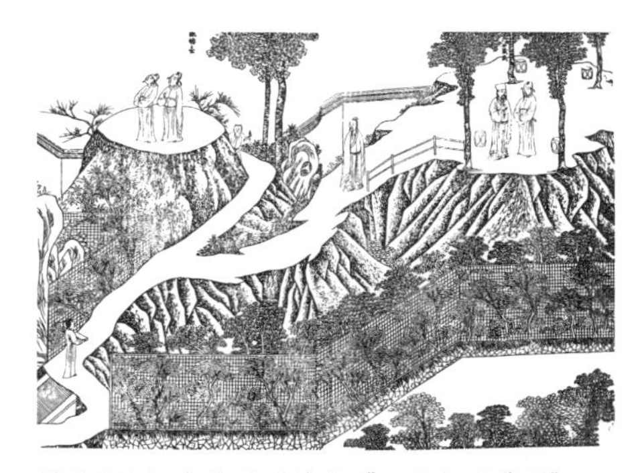
图 8-5-1-3 坐隐园观蟾台《环翠堂园景图》

花圃——明人重视花木景观，例如竹坞、琼瑶坞、桃花沜等，就是以群植某种

图 8-5-1-4 寄畅园鹤步滩

花木取胜。然而明人选择花木的着眼点是景观的如画性，而不仅仅从园艺出发。园林植物更多注重其配置的艺术效果，不太重视栽培技术，相对缺乏系统的园艺科学，在一定程度上阻碍了园林利用丰富的植物资源和广泛地发挥植物的造景作用。宋明以来逐渐形成的文人园林中植物配置重诗情画意的传统，未能在坚实的科学基础上进一步地升华。

田庄——富于隐居色彩与诗意的田园村野景色在明代私园中也颇普遍。与宋元相比，这类景色日益游离于园林之外而在一隅独辟。如北京英国公园，将蔬圃设在园的东面，“东圃方方，蔬畦也，其取道真，可射。”连布局方法都不同于园林。金陵东园“初入门，杂植榆柳，余皆麦垅，若不治。”苏州东山的集贤圃，在圃北种菜数亩，极西种桔、柚、梨，将这些田野景观作为园的外藩。勺园与归田园居虽不设田园景观，仍将四周稻畦秫田作为眺远的借景引入园内。

建筑——明代园林内建筑单体已在争奇斗艳，北京李皇亲新园的梅花亭，砌成五瓣以象梅花，门、窗、水池皆形似梅，以表现梅之重瓣，追求形式象征的倾向十分强烈。绍兴畅鹤园，将建筑构筑于峭壁坳洼之上，形成仙居楼阁。长廊也成为非常活跃的造园因素，修廊蜿蜒，将园内亭台楼阁连成一气，长廊的运用，为园林的自然景观增加更为浓郁的人工美，形成此后园林景观的特色。

景题、匾额、对联在园林中普遍使用，意境的传达得以直接借助文字、语言而大大增加信息量，意境表现手法亦多种多样：状写、寄情、言志、比附、象征、寓意、点题等等。园林艺术比以往更密切地融冶诗文、绘画趣味，从而赋予园林本身以更浓郁的诗情画意，意境的蕴藉更为深远（图 8-5-1-5）。

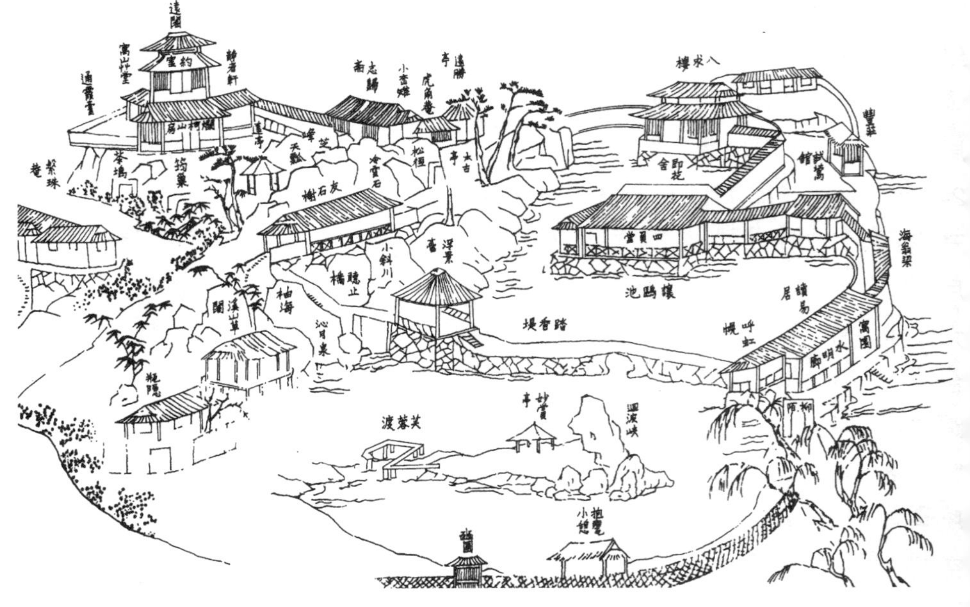

图 8-5-1-5 祁彪佳寓园图

8.5.2　清代私园

由明至清，私家园林发展日趋成熟。其重要变化首先是用地逐渐狭小，园居活动也日益频繁。清代园林已成为多功能的活动中心，“娱于园”成为造园主导，生活享乐目的的建筑增多，造成园内建筑密度增加。匠师们因势利导，创造了一系列丰富多采的个体建筑形象和群体组合方式，为园林造景开拓了更广阔的领域。

清代私园强调借助建筑物造景，或以建筑结合山池、花木而围合空间，它们互相穿插、彼此联系，创为整体的空间序列，使园林在有限地段内获致仿佛无限深远的艺术效果和曲折幽致的动观意趣。建筑构图的技巧、建筑与山石、花木的组织技巧，乃至游廊、墙垣、漏窗、洞门等大量运用的技巧发挥到极致（图8-5-2-1）。在叠山方面土石兼容的假山渐少，而代之以各类石山。叠山技法由明代的平冈小坂、陵阜逶迤的神韵手法，转而追求奇峰怪石、洞壑纵横的趣味感受；由截山裁水取其一角的联想手法，转而着意于山形石理，兼容并包的象征手法。水体中多做岛洲。花木品种更为繁多、精致。水廊、水榭增多，并形成廊阁周回，围绕水面布局的方式。

根据地方自然气候特点及经济特征，清代私园基本可分为三大类，即以畿辅北京地区为中心的北方园林，以扬州、苏州为代表的江南园林，以珠江三角洲为中心的岭南园林。

8.5.2.1　北方私园

北方私园因大量王公、贵戚、官僚集居日久，宗族繁衍，析宅而居，故官邸宅园增多。不少围绕御苑地区的小型园林作为赐园，由朝廷分赠皇室和重臣，如一亩园、自得园、蔚秀园等。此外，城内具有一定规模的私家园林亦有百座以上，如纪晓岚的阅微草堂等。

北方私园一般以规整的四合院组群为骨干，四周环以水体，再外环以山冈亭廊，在规整中见活泼，对称中现自由。例如北京恭王府花园（萃锦园）（图8-5-2-2）。全园占地2.7公顷，分为中、东、西三路。中路为轴线规整式布局，包括三进院落。过仿西欧拱券式园门后，两座大假山分峙左右，迎面立飞来石一座，其后为第一进院落安善堂，正面敞开，左右回廊环抱；第二进院落主体为“滴翠岩”大假山；最后以平面形状类似蝙蝠的蝠厅为结束，取“福”字谐音。东路以大戏台为主，座南朝北。南部为两座修长院落，与戏台并戏楼相联。院内密植竹林。西路以大水池为主，池中小岛上建敞厅“观鱼台”。池周围环以游廊、小亭、池北建“澄怀撷秀”厅，成为一区水景为主的景点。整座萃锦园的东、西、南三面为冈丘所蔽，与南面王府住屋相隔，成为独立的园林环境。这种以中路贯穿始终的轴线空间序列为构图骨干，显露出浓厚的皇室气派，而以水体、山石穿插其间，则增添了文人园林气氛，调节了园林环境的严肃性，这一手法几乎成为王府花园的共

图 8-5-2-1　沧浪亭框景

图 8-5-2-2-a　恭王府萃锦园大门

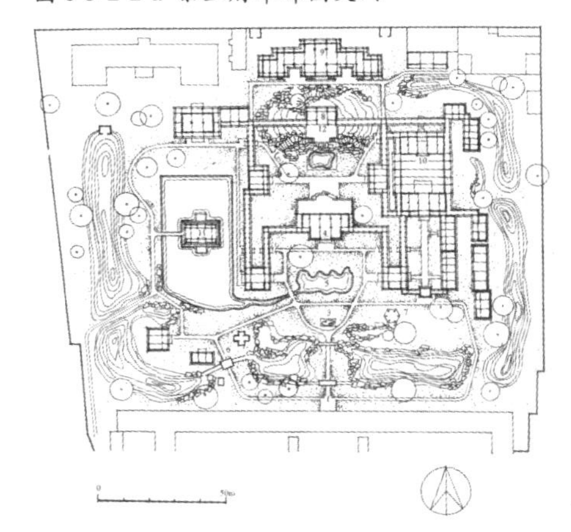

图 8-5-2-2-b　萃锦园平面

性。王府园林作为皇家园林与私园的过渡，以人力控制成景，建筑密度高、装饰色彩浓艳华美，刚大于柔，丽胜于朴。

8.5.2.2 江南园林

江南地区因借雄厚的经济实力、优越的自然条件，自古即为园林兴盛之地，该地区又是人口麇集，寸土寸金，因此宅园规模比较小，一般都在3~5亩左右，多用“一拳代山，一勺代水”的象征写意手法进行创设。

江南宅园总体布局中山水比重较大，叠山理水方面积累了丰富的理论，并出现了如张涟等一批叠山名家。叠石选用石材以当地出产的太湖石与黄石为主，按照石的纹理、石性，仿真山气势脉络组成石景，如岩壑、峰峦、洞隧等。由于园内面积狭小，假山多做靠墙的“峭壁山”形式。瘦、透、露、皱的太湖石，又常作为独峰欣赏（图8-5-2-3）。水域多呈自然曲折之态，具有水口、港汊、岛礁、矶岸等景色特征。水面上设有步石、桥梁、纤路、码头等附设物，增加流动感。江南园林建筑皆较轻盈空透，廊庑回转，翼角高翘，又使用了大量漏窗、月洞、围屏、花罩等，造成极为丰富的空间层次变化。由水景派生出的水廊、水榭、石舫、云墙等更使得建筑景观变幻莫测（图8-5-2-4）。建筑木构色彩以赭、黑为主，配以白墙青瓦、恬淡雅致。植物以落叶树为主，兼配以常绿树，再配以青藤、篁竹、芭蕉、莲荷及各色花木，四季常青，月月不同。并形成许多以观赏植物为主题的标题景观，如海棠春坞院、荷风四面亭等。

图 8-5-2-3 留园冠云峰

■ 苏州园林

苏州园林在江南园林中具有重要地位，素有“名园之冠”的美称。著名园林有肇于明代的拙政园、留园、五峰园，建于清代的怡园、网师园、环秀山庄等，虽历经几百年，多次易主，但上述各园至今犹存。诸园的建造，因主人好尚有别，自然条件差异，匠师各有所专，形成了多姿多彩的面貌，绝不雷同。如拙政园布置以池水为主，点缀亭台景色，清新疏朗；网师园构景细致曲折，穷极变化，引人入胜；怡园则因建造较晚，能罗致各园景观，于小巧精致中集其大成。

图 8-5-2-4 拙政园水廊

拙政园始建于明正德年间，现存规模大部分是清代末年形成的。该园布局以水为主，配以山丘，环以林木，形成山水兼备的大型私家园林。全园分三部分，中部为主体仍称拙政园，西部为补园，东部为归田园居。中部园林以水池为中心，池南布置了各种生活建筑，如远香堂、倚玉轩、香洲，及若干观景小院如小沧浪等。水池中累土石构成东西两山，其间隔以小溪，但形势联贯，成为池北的主要景色构成。山峰上建造雪香云蔚亭及北山亭以为点景。满山遍植林木，四季因时而异，竹丛乔木相掩，岸边散置紫藤，低枝拂水，颇有江南山林湖光的气氛。叠山以土为主，向阳南坡以黄石点缀池岸，起伏错落，而背阴北坡则全为土坡苇丛，景色自然。水池处理亦十分得体，水面有聚有分。远香堂前是集中的大水面，辽阔飘渺，而西部转入小沧浪一带则水面变窄，曲折幽深，廊桥叠架。整体水面皆可互相贯通，并在东、西、西南留出水口，伸出如水湾，以示来源去脉，使水体有深远不尽之意。概括地说，全园北部以自然山水为主调，开阔疏朗，明净自然；而南部以建筑为重点，台馆分峙，廊院回抱，幽闭曲折，精巧多姿。南北区景色特征形成对比，同时又互为因借，在形式美构成上十分成功。此外，跨水临溪的小沧浪、小飞虹，西部补园的凌水若波的水廊，仿画舫形式的香洲，四面观景的远香堂等景点，都是建筑与山水配合成景的优秀之作。拙政园园林艺术充分反映出传统园林叠山理水的精妙之处，是中国古典园林艺术成就的卓越代表（图 8-5-2-5）。

图 8-5-2-5-a 拙政园小飞虹

图 8-5-2-5-b 拙政园香洲

网师园始建于南宋淳熙年间，当时园名“渔隐”，后几经兴废，到清代乾隆年间改名“网师园”。仍含渔隐的本意。网师园占地 0.4 公顷，是一座中型宅园，主景区以水池为中心，池岸略近方形但曲折有致，驳岸用黄石挑砌或叠为石矶，有天然野趣。南岸风景画面上的构图中心是“濯缨水阁”，自水阁之西折而北行，曲折的随墙游廊顺着水池西岸山石堆叠之高下而起伏，引至突出于水池之上的“月到风来”亭。此亭也是池西风景的构图中心。水池北岸是主景区内建筑物集中的地方，“看松读画轩”与南岸的“濯缨水阁”遥相呼应构成对景。轩前空间类似小三合院，院内栽植姿态苍古、枝干遒劲的罗汉松、白皮松等，增加了池北岸的层次和景深。自轩内南望，又构成一幅以古树为主景的天然图画，故以“看松读画”为名。北岸临水有“竹外一枝”轩，背景为纯素粉墙，衬出“竹外一枝斜更好”的风致，其西北紧邻“射鸭廊”，演绎出苏轼“竹外桃花三两枝，春江水暖鸭先知”的诗意。所有这些景物均围绕 400 平米左右的水池而组织，沿水池一周的回游路线是绝好的游动观赏线，把全部风景画面串缀为连续展开的长卷。尽管建筑密度高达 30%，却成功地将定观与动观相结合，置身主景区内，并无囿于建筑空间之感，而是观之不尽，于形式的精巧中品味到隽永的山水意境。网师园当之无愧为中国古典园林的杰作（图 8-5-2-6）。

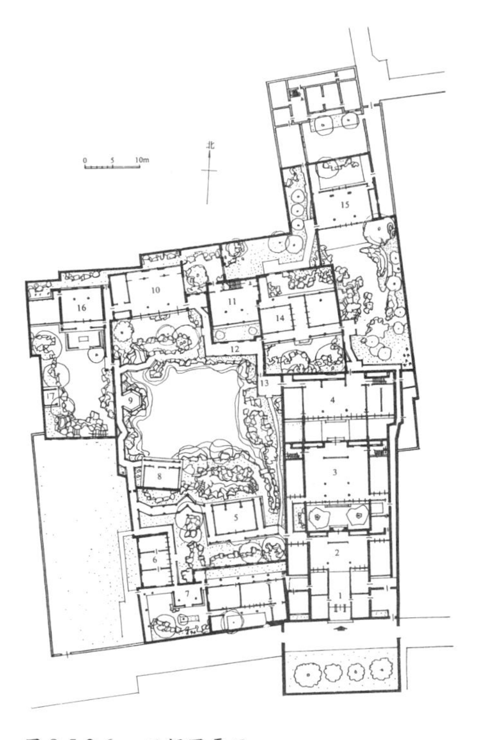

图 8-5-2-6-c 网师园平面

图 8-5-2-6-a 网师园竹外一枝轩

图 8-5-2-6-b 网师园月到风来亭

图 8-5-2-7-a 片石山房石涛叠石

图 8-5-2-7-b 片石山房石涛叠石细部

图 8-5-2-8-a 个园春景

图 8-5-2-8-b 个园冬景

■ **扬州园林**

清代扬州是江南主要文化城市，商人多儒商合一、附庸风雅，竞相修造宅邸、园林。倚借交通之便，扬州建筑得以融冶南北之特色，兼具南北之长而独树一帜。清初的扬州已建有八大名园，康熙、乾隆都曾南巡扬州，寻访名园，促进了扬州园林和北方皇家园林的融合发展。至清代中叶，名园已达数十处，如片石山房、个园、寄啸山庄、小盘谷、余园等。

扬州园林特别讲究叠山技艺，石涛、计成、张涟等人都曾荟萃于此，故当时有"扬州以名园胜，名园以叠石胜"的说法。现存私家园林已不如苏州为多，但各具特色，其中片石山房尚存有石涛叠石，清末的个园叠石也颇有独到之处。

片石山房又名双槐园，如今尚存假山一丘，被誉为石涛叠山的人间孤本（图 8–5–2–7）。这座假山倚墙叠筑，西首为主峰，俯临水池，奇峭动人。沿曲折石壁可登临峰顶，峰下筑方形石室两间，即为所谓山房。向东则山石蜿蜒，下构幽深石洞。假山通体主次分明，见出大山气势。布局疏密恰当，通体注意显示石料的纵横纹理，与石涛在《苦瓜和尚论画录》中所说的"峰与皴合，皴自峰生"的画理也相吻合。

个园在扬州市东关街北，清初称寿芝圃，嘉庆时归盐商黄氏，植竹甚多，因"画竹如个"，故称个园。此园布局紧凑，又以叠石为"四季假山"而著称。"春山"系沿花墙布置石笋，与侧后的竹林相呼应，富于生机；夏景为假山临水，叠石为洞，洞内幽邃清爽，洞口垂瀑如帘，洞外藤枝繁出，所叠山石，又取郭熙画论"夏云多奇峰"之意，饶于变化；秋景即园东北之黄石山，盘旋上下，步移景异，加以少植花树，石色灰黄，有秋意萧瑟之趣；冬景则倚墙叠白色宣石，如冰雪未消，另于墙上开圆孔四行，利用高墙狭巷的设计，有风吹来，即产生北风呼啸的效果，奇思异构，意趣盎然（图 8–5–2–8）。

扬州瘦西湖是沿十余里长的保障河两岸，由开放式私园、别墅、酒楼、寺庙等组成连续成景的线型大景区，曾概括为二十四景，有的一园一景，景名即园名，如西园曲水、白塔晴云；有的一景数园，如四桥烟雨；有的是自然景观，并非园林创作，如平冈艳雪、绿杨城廓，此外也还有一部分私园未曾包括在内，如贺园、徐园等。瘦西湖的重要环境艺术特征在于其开敞式的园林布局，各园皆密切结合河湖水体，甚至将河中洲岛包孕其中。四周景色互为因借，天地水陆混为一体，完全跳出明代私园造园艺术的窠臼，其影响及于清代皇家园林。例如清漪园荇桥、九曲桥、半壁桥、柳桥一带即是仿瘦西湖的四桥烟雨；圆明园方壶胜境的临水楼阁取春台祝寿的形态等等。此外，瘦西湖诸园又呈成组成团的景色布局，沿湖诸园不是平铺直叙的陈列，而是有高潮，有序列地组织在一起，呈景区状分布。泛舟沿湖游来，一路起伏跌宕，张弛得宜。第三，瘦西湖各园奇思巧构，特点突出。在近十里的连续景色中，各景点千园千面，无一雷同。如虹桥修禊以阁道取胜，或连或断，随处通达。四桥烟雨的锦镜阁是跨园中夹河而建的悬楼，别有新意。倚虹园建筑规整，院落重重，最大特点为临水广设水厅，湖光山色，尽入园中。总之，瘦西湖园林集群充分体现了传统园林中“构园无格”、“精在体宜”的原理，是结合水系缩放迂回，构成连续景观最成功的实例（图 8-5-2-9）。

图 8-5-2-9-a 虹桥修禊

图 8-5-2-9-b 莲性寺

图 8-5-2-9-c 四桥烟雨

图 8-5-2-9-d 砚池染翰

8.5.2.3 岭南园林

岭南经济比较发达，官宦富商大量置构园林。岭南园林特点不同于江南一带，由于气候闷热，必须注意自然通风，故结合当地民居传统的庭园式布局较为普遍。叠山理水完全融合在庭园艺术中，而不构成独立的山水主题。因用地狭小，大部分石山为观赏性石景，绝少可登临的大假山。叠造石景多用包镶方法，故又称之为塑石，后期多曲意模仿生态动植物，组成标题石景。岭南园林水池皆较小巧，驳岸规整，池中养鱼、植荷，具有生活观赏性，而很少传统文人园中的山水意境构思。如余荫山房的方池与八角池，仅是玲珑水榭与廊桥的组景要素，而不具备湖沼画意。园内建筑装修十分考究，雕刻繁多，装饰喜用灰塑、木雕，华丽通透，又不免繁琐。岭南气候温润，植物长青，花卉不断，园林也充分利用这一优势组织花木景观。由于岭南地区较早与国外通商贸易，也突出地表现了异国情调。例如

图 8-5-2-10 林家花园云景淙

庭园水池喜用规则的曲池、方池、回形水面等都是西方古典造园的特色。平庭中布置方整的花台、花坛。建筑中采用彩色玻璃、釉面砖及瓶式栏杆，甚至还引用了罗马式的拱窗，屋顶上用女儿墙等手法。岭南园林较早地体现出融合中西、兼收古今的特征（图 8-5-2-10）。

8.5.3 清代皇家园林

明代御苑建设的重点在大内御苑，最重要的皇家园林西苑系承袭了元代太液池、琼华岛的既有经营，并将水面向南扩展，形成"三海"的格局，延续至今。明代还在皇城东南隅另辟东苑，宫城北面增筑万岁山，并在南郊利用元代飞放泊改建成南苑，形成了布局较为匀称的苑囿群。与元相比，明代御苑中的点景建置显然增多，但仍体现出质朴疏朗的情调；较之宋代，其规模趋于宏大，皇家气派又见浓郁，同时又吸收了江南私家园林的养分，保持自然生态的"林泉抱素之怀"，为清代皇家园林建设高潮之兴打下了基础。

清王朝进入康乾盛世，社会承平安定，经济迅速发展。北京作为政治、经济和文化的中心亦呈现空前繁荣的局面。在全面继承了明代遗留的城市、建筑基础上，清代，尤其在乾隆时期，采取大规模兴建皇家园林的工程，实际起到"以工代赈"、"散财于民"和扩大物资流通，促进社会经济发展的作用，获得城市生态、绿化、景观、水系治理等综合效益，也将古典园林成就推向巅峰。其中规模宏大的五座——圆明园、畅春园、香山静宜园、玉泉山静明园、万寿山清漪园，就是后来著称的"三山五园"，由乾隆亲自主持修建或扩建，精心规划施工，荟萃了中国风景式园林的全部形式，代表着后期中国宫廷造园艺术的精华，其成就主要表现在以下几个方面：

8.5.3.1 山水城市

中国的环境艺术史上，园林建设从来都与城市营建共存并行。如果将历代都城呈现出的棋盘式格局视为儒家社会规矩——"礼"的显现的话，那么统治者则善于利用"乐"来缓和"礼"所造成的紧张感和压迫感。一方面是在城市内部大量兴建园林，在礼制建筑群中引入林泉之致；另一方面则因借城市外围宏观山水格局，与引入城市内部的山水园林相结合，从而有效地改变中规中矩的单调城市面貌，调节枯燥的居住氛围，并极大地改善了生活环境质量。清北京城的皇家园林建设就是中国古代传统城市与园林营造思想精粹的集中体现。

就城市中心的环境建设而言，北京城继承了金、元、明三代经营的基础，由约占皇城面积四分之一的西苑作为城市的水系中心与生态核心。乾隆年间又大力开发西苑（以北海为主），疏浚太液池，改造琼岛及液池东岸、北岸，进一步丰富园林景观和园林活动。改造完成的太液池水面占全园三分之二，生态环境十分优越。

琼岛上顺治年间修建的白塔，映衬于绿荫丛中，与东侧景山万春亭遥相呼应，丰富了城市轮廓线。西苑也由此真正地成为城市的综合景观中心（图 8–5–3–1）。

图 8-5-3-1 北京的城市景观中心：北海

京郊离宫的建设也充分着眼于营造整体山水城市的考虑。经乾隆时期三十多年的经营，北京西北郊形成庞大的皇家园林集群——圆明园、畅春园、香山静宜园、玉泉山静明园、万寿山清漪园。圆明园附近又陆续建成许多私园、赐园，联同康、雍时留下的共二十余座，在西起香山、东到海淀、南临长河的辽阔范围内，极目所见皆为馆阁联属、绿树掩映的名园胜苑，形成巨大的“园林之海”。其中清漪园的营建，系结合城市西北郊水系整治工程同步进行，充分开发利用万寿山自然山水资源，获得灌溉、水利的综合效益，还使得玉泉山、昆明湖、万寿山形成三位一体、互相因借的大范围山水风景群落，成为整个北京城的水源涵养地和绿化防护带。园林生态作用延伸到城市内部，是结合城市总体规划部署的园林营建（图 8–5–3–2）。

北京西北郊以外的远郊和畿辅以及塞外地区，新建或经扩建的大小御苑亦不下十余处，其中比较大的是南苑、承德避暑山庄和盘山静寄山庄，形成环北京的良好生态圈。南苑面积三倍于北京城，独具珍贵的天然湿地地形与良好的生态景观，是具有漕运、交通等综合城市功能的国家生态保护区（图 8–5–3–3）。避暑山庄的营造不仅完成了承德当地自然生态系统的改造，建立了“园林中的城市”，也以生态化卫星城的形式成为北京城市生态系统的重要部分。弥补在京城周边的一连串园林化行宫，则将京城、离宫、关隘和塞外卫星城等重要节点串联起来，形成覆盖北京区域的更大范围园林生态系统，从更广泛意义上维护了北京城市生态体系，彻底实现城市园林化。

清代大规模皇家园林营建优化了城市格局，净化了城市水系和空气，并将生态造园思想贯彻到城市文化中，带动了更大规模、更普遍的城市园林化建设，从而使北京成为完全意义上的生态城市。

8.5.3.2 总体规划

清代御苑经营根据地势地形不同，其总体规划基本可分为两类：一为完全平地起造的人工山水园；一为利用天然山水而施以局部加工改造的天然山水园。在大型人工山水园中，总体规划运用化整为零、集零成整的“园中园”规划方法，园内除创设一个或两个比较开阔的大景区之外，其余大部分地段则划分为许多小的、景观较为幽闭的景区、景点。各小景区、景点自成单元，具有不同的景观主

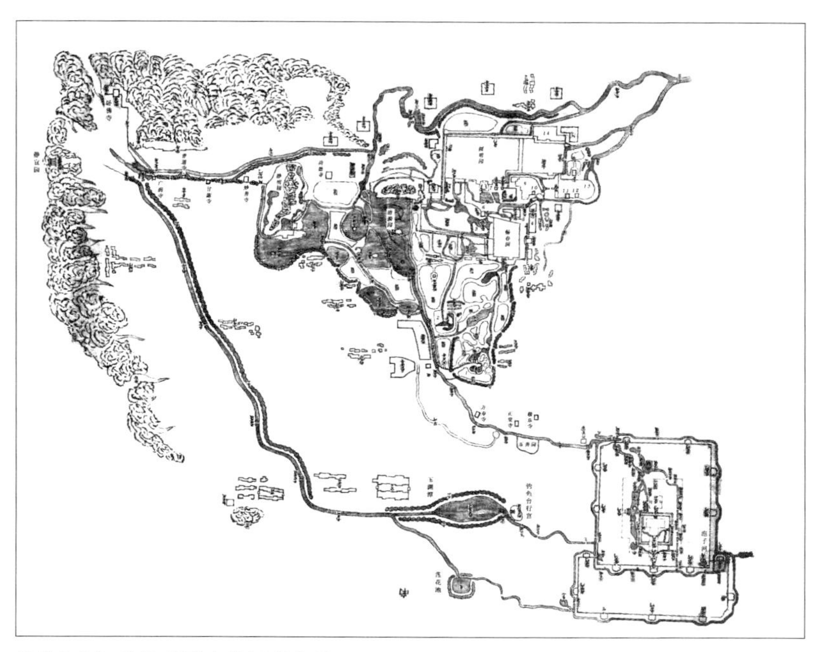

图 8-5-3-2 乾隆京城内外河道全图

图 8-5-3-3 南苑的湿地形态

题和建筑形象，功能也不尽相同。它们既是大园林的有机组成部分，又相对独立而自成小园林的格局。畅春园、圆明园便是典型的个例（图 8-5-3-4）。

大型天然山水园的情况有所不同。清王朝以满族入主中原，游牧民族的传统使他们对自然山川具有深厚感情，因此清代皇家诸园中，大型天然山水园占据了重要的比例，也被更下功夫刻意经营。

天然山水园的选址规划充分尊重天然地形地貌及水系资源，力求园林环境与自然风貌融为一体。例如热河行宫的开发，不仅以避暑山庄将四五条山谷、十数个湖泊包容在内，而且星罗棋布地将十二座寺庙撒布在周围群山间，罗汉山、磬锤峰、狮子山、武烈河尽在景区之内，形成山、水、园林相映衬协调的大环境，为此前所未见。再如北京西北郊园林区的建设，也是开湖引渠，串联成片，将宫苑园林与农庄、村社的田园景色组织在一起，互为因借（图 8-5-3-5）。

其次是对建园基址的原始地貌进行精心加工改造，调整山水比例及相互的联属、嵌合关系，突出地貌景观“奥”、“旷”的穿插对比，保持发扬山水植被所形成的自然生态环境特征，例如，改造前的瓮山西湖一带与改造后的万寿山昆明湖就是此类典范（图 8-5-3-6）。

第三，为体现兼具自然景观之美和人文景观之胜的传统风景名胜意趣，皇家园林的总体规划在建筑的选址、形象、布局、道路安排、植物配置等方面均取法、借鉴于前者，从而形成清代皇家园林开创的另一种规划方式——园林化风景名胜区。如避暑山庄的山区、平原区和湖区，荟萃了北国山岳、塞外草原、江南水乡的风

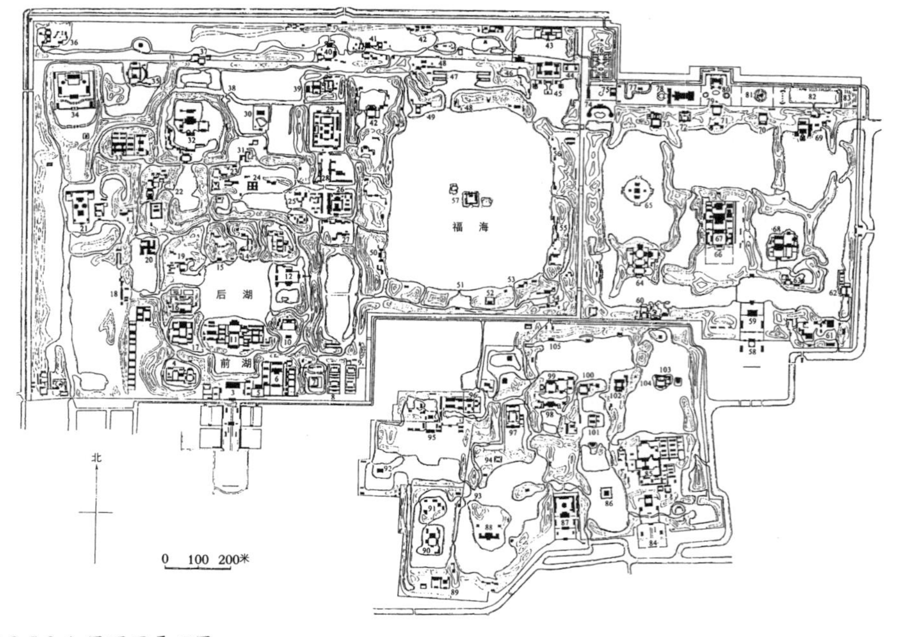

图 8-5-3-4 圆明园平面图

图 8-5-3-5-a 避暑山庄湖区鸟瞰

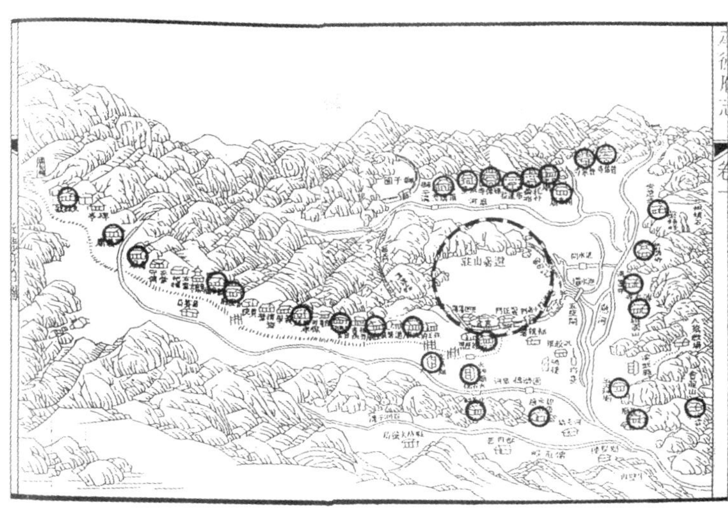

图 8-5-3-5-b 避暑山庄及周围宗教建筑群

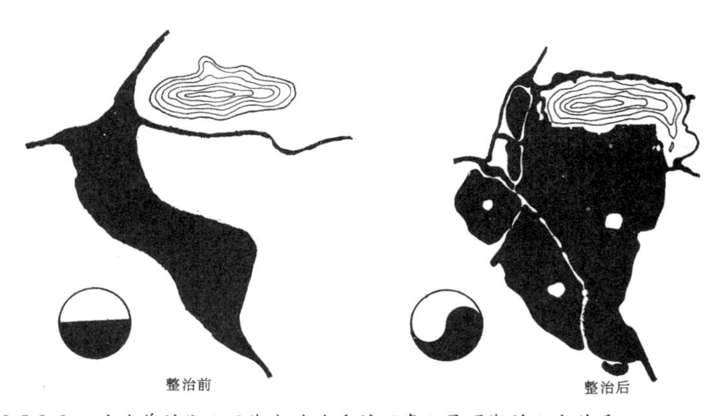

图 8-5-3-6-a 改造前的瓮山西湖与改造后的万寿山昆明湖的山水关系

图 8-5-3-6-b 颐和园全景

景名胜于一园，是兼具南北特色的风景名胜园。香山静宜园作为大型山地园，景点经营与山地自然景观相顺应，涧谷穿插，泉水迸流，富于深邃幽奥的山林野趣，是具有“幽燕沉雄之气”的典型北方山岳风景名胜（图8-5-3-7）。玉泉山静明园模拟苏州灵岩山，环绕玉泉山主峰组建若干小型水景园组群，烘托出玉泉山天然山水林木的幽深氛围，表现出“深山藏古刹”为立意。清漪园万寿山、昆明湖则以著名的杭州西湖作为规划蓝本，为扩大摹拟范围，甚至一反皇家园林惯例，沿湖均不设宫墙。

8.5.3.3 建筑造景

清代皇家园林作为清帝生活环境的重要组成部分，功能极为庞杂，包括处理朝政、宴会公卿、召见王公大臣、外藩使臣等等，于是宫殿、衙署、宅院、寺观、戏楼、书院、船坞、码头，乃至市肆等各种功用、各种类型建筑充塞其间。伴随清

图 8-5-3-7 静宜园见心斋

图 8-5-3-8 须弥福寿之塔

图 8-5-3-9-a 自万寿山脚下望玉泉山

图 8-5-3-9-b 万寿山大报恩延寿寺鸟瞰

代讲究技巧和形式美的风尚，皇家园林也日益加重和有意识突出建筑的形式美因素。就风格而言，也极尽丰富，汉地佛教、道教、藏传佛教等不同类型荟萃一堂，甚至还有舶来的西洋楼等等，无所不包，突出“何分西土东天，倩他装点名园”的兼收并蓄和“移天缩地在君怀”的宏大气魄。

作为造景和表现皇家气派的重要手段，园林建筑的审美价值被推到新的高度，建筑往往成为许多局部景域甚至全园的构图中心。建筑形象的造景作用，主要通过建筑个体和群体的外观、群体的平面和空间组合而显示出来，形式丰富，包罗万象，某些形式还适应于特殊的造景需要而创为多种变体，如须弥福寿之塔（图 8–5–3–8）。建筑布局重视选址、相地，讲求隐、显、疏、密的安排，务求其构图美得以协调、亲和于园林山水风景之美，并充分发挥其点景作用和观景效果。例如清漪园佛香阁基址上原本筹建大报恩延寿寺塔，然而塔身细高的比例与建筑群体以及前山山形均不协调，并与远处玉泉山顶玉峰塔借景形成重复，故此，在建至八层时拆毁，改建形状敦厚稳重的八角形楼阁佛香阁，求得完美的景观效应，也由此表现出以宗教建筑点缀皇家园林的用意。

此外，园内重要部位建筑群平面和空间组合，一般均运用严整的轴线对位和几何格律，强调皇家肃穆气氛；其余地段则因势随形，布局自由，体现园林的天然之趣。例如清漪园前山与后湖，就分别展现出这两种空间特征。建筑与地形也紧密结合，经详细斟酌，有藏有显。玉泉山平地突起，山形轮廓秀美，故建筑布置也较为隐蔽；其东面万寿山，山形轮廓呆板，少起伏之势，建筑的点染则与前者相反，以佛香阁为主体的大报恩延寿寺的建造，采取浓墨重彩的密集方式，以建筑严整的构图组合来弥补、掩饰山形的先天缺陷。同样是山，建筑布局的手法却大不一样，力求建筑美与自然美的彼此谐和与相得益彰（图 8–5–3–9）。

圆明园西洋楼的建造是清代御苑建设中别开生面的一笔，也是当时中西文化交流背景下的重要产物，其规划体现出当时流行的法国古典主义造园特征，在细部处理中则吸收了许多中国的手法。这是自元末明初欧洲建筑传播到中国以来的第一个具备群组规模的完整作品，也是把欧洲和中国这两个建筑体系和园林体系加以结合的首次创造性尝试（图 8–5–3–10）。

8.5.3.4 移植写仿

移植写仿是清代皇家宫苑艺术创作的重要手法与特征，根据模仿对象的不同，大致分为两类，一为借鉴江南园林造景手法，模仿各处名园胜景，在北方皇家园林内再现自然朴质、诗情画意的江南园林意象。一为引西藏地区大型寺院为原型，进行皇家宫苑藏传佛教建筑形象和构成意图的描摹与演绎。这两类移植写仿所体现出的共同特征正如乾隆所言，为“略师其意，就其自然之势，不舍己之所长”，是重在神似而不拘泥于形似的艺术再创造。

图 8-5-3-10 圆明园远瀛观

康熙、乾隆的多次南巡促进了皇家园林摹拟江南、效法江南的高潮。把北方皇家与南方民间的造园艺术进行了大融汇，达到前所未有的广度和深度，主要通过三种方式：一、引进江南园林的造园手法。在保持北方建筑传统风格基础上大量使用游廊、水廊、亭桥、平桥、舫、榭、粉墙、漏窗、洞门、花街铺地等江南园林语汇；大量运用江南堆叠假山的技法，但材料则以北方盛产的青石、太湖石为主；借鉴江南园林水体处理经验，包括水体开合变化，码头、石矶、驳岸处理；引种驯化南方花木等等。二、再现江南园林主题。清代皇家园林的许多景致，是江南园林主题在北方的再现。例如避暑山庄的“天宇咸畅”，从地势经营到建筑群体构成，均为在镇江“金山江天”基础上的再创造 (图 8–5–3–11)。有些还在多处园林中不断加以实践，以期获得最理想的效果。例如为再现苏州寒山别墅飞瀑“千尺雪”，乾隆曾先后在中南海淑清院、避暑山庄文津阁等地实践，然而前者缺少天然飞瀑之趣，后者又无松石古韵，直到于盘山静寄山庄找到与原型意境相仿的天然景致，再度构建，才得以建成乾隆认为“寒山千尺雪固在是”的园林艺术精品 (图 8–5–3–12)。三、具体仿建名园。以某些著名江南园林为蓝本，大致按其规划布局而仿建于御苑之内。例如圆明园内安澜园仿海宁陈氏园，长春园内的茹园仿江宁瞻园，清漪园内惠山园仿无锡寄畅园等(图 8–5–3–13)。

8.5.3.5　多民族艺术融合

为促进与巩固多民族国家的统一，清政府大力提倡并推广藏传佛教，在皇家宫苑中兴建了大量藏传佛教建筑组群。在“略师其意”的创作原则指引下，有选择地继承和发展了藏式建筑的设计手法，于“似”与“不似”之间焕发出协调新异的美感，塑造出兼具二者之长的新建筑形象。

图 8-5-3-11-a 镇江金山寺

图 8-5-3-11-b 避暑山庄天宇咸畅

图 8-5-3-12-a 移植写仿 - 苏州寒山千尺雪

图 8-5-3-12-b 移植写仿 - 盘山千尺雪

图 8-5-3-13-a 无锡寄畅园七星桥

图 8-5-3-13-b 颐和园谐趣园（原清漪园惠山园）知鱼桥

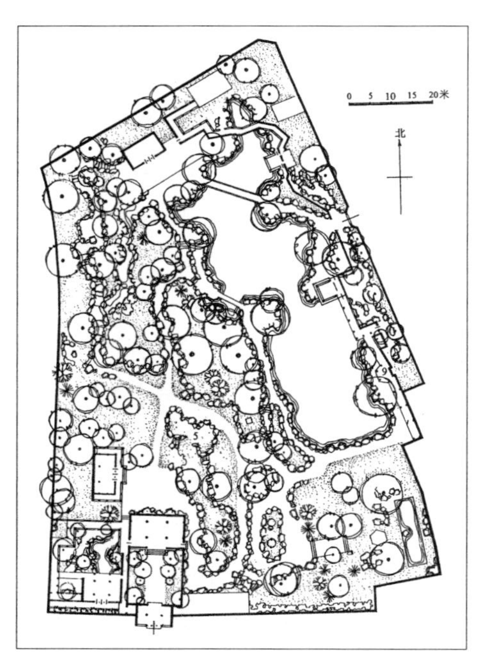

图 8-5-3-13-c 寄畅园平面图

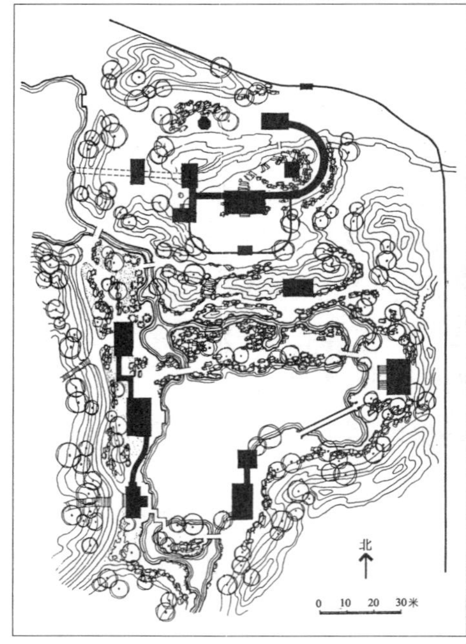

图 8-5-3-13-d 惠山园平面图

在单体建筑环境层面上，藏传佛教的建筑艺术特征如平顶高台、刷饰墙面、华丽的女儿墙、梯形盲窗、天窗采光，以及藏传佛教红、白、黄的鲜明色彩、装饰手法及纹样，都得到吸收。例如承德普陀宗乘之庙大红台（图 8–5–3–14）。

在群体环境经营当中，注意借鉴藏式寺院在选址、建筑群形体组合上的特征，充分发挥汉式木构建筑灵活多变的特点，利用地形地势造成高低错落、主次分明的效果，表现出藏式山地寺院的环境意象。如承德普陀宗乘之庙仿拉萨布达拉宫，承德须弥福寿之庙仿西藏日喀则扎什伦布寺等（图 8–5–3–15）。

图 8-5-3-14 普陀宗乘之庙大红台近景

图 8-5-3-15-a 普陀宗乘之庙全景

图 8-5-3-15-b 移植写仿 - 布达拉宫

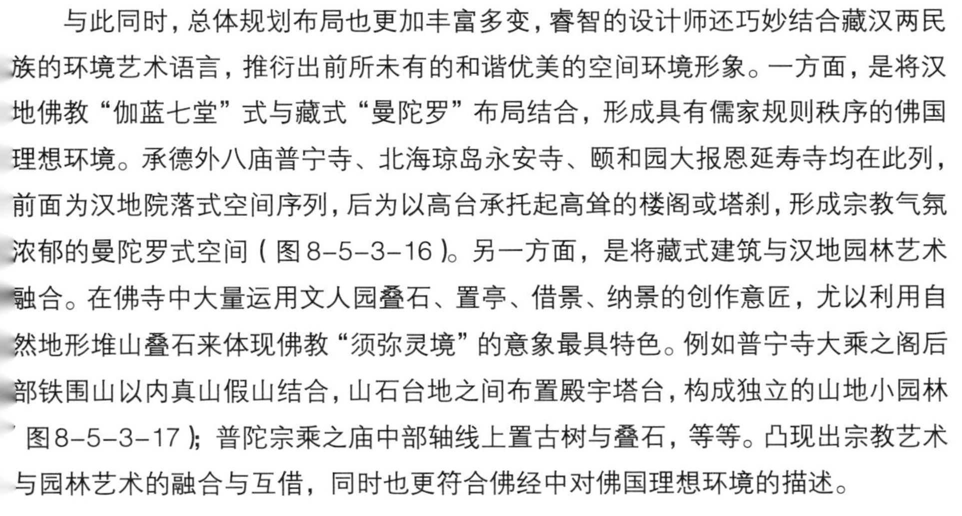

与此同时，总体规划布局也更加丰富多变，睿智的设计师还巧妙结合藏汉两民族的环境艺术语言，推衍出前所未有的和谐优美的空间环境形象。一方面，是将汉地佛教“伽蓝七堂”式与藏式“曼陀罗”布局结合，形成具有儒家规则秩序的佛国理想环境。承德外八庙普宁寺、北海琼岛永安寺、颐和园大报恩延寿寺均在此列，前面为汉地院落式空间序列，后为以高台承托起高耸的楼阁或塔刹，形成宗教气氛浓郁的曼陀罗式空间（图 8–5–3–16）。另一方面，是将藏式建筑与汉地园林艺术融合。在佛寺中大量运用文人园叠石、置亭、借景、纳景的创作意匠，尤以利用自然地形堆山叠石来体现佛教“须弥灵境”的意象最具特色。例如普宁寺大乘之阁后部铁围山以内真山假山结合，山石台地之间布置殿宇塔台，构成独立的山地小园林（图 8–5–3–17）；普陀宗乘之庙中部轴线上置古树与叠石，等等。凸现出宗教艺术与园林艺术的融合与互借，同时也更符合佛经中对佛国理想环境的描述。

图 8-5-3-16 普宁寺全景

8.5.3.6 象征寓意

园林作为一种精神属性极强的环境艺术，是园林所有者精神意向的反映，正如文人园林的意境核心是在“入世”、“出世”间寻求平衡一样，皇家园林则借助于造景而表现天人感应、圣王理想、纲常伦纪等更为广泛和富于政治色彩的象征寓意。以康熙、乾隆为代表的清代帝王熟读经史，勤于治学，有着深厚的园林艺术修养，他们常常亲自参与造园，以高度的政治智慧对皇家园林这一艺术形式进行

图 8-5-3-17 普宁寺园林绿化

图 8-5-3-18 奉扬仁风，慰彼黎庶：颐和园扬仁风

主动且充分的运用。具体体现在巧妙地引用经典原型，借助点景题名的手段，并与建筑形象、环境经营充分结合，构成形象、意境上的多重模拟，调动人们的知识储备与诗性联想，传达源于帝王理想的创作意匠。

例如圆明园万方安和建筑形象采用佛教卍字图案，从命名到建筑形象均呈现出安和吉祥的意义；颐和园扬仁风殿用扇形平面，象征仁政如清风的寓意（图8-5-3-18）。昆明湖东岸，十七孔桥以北为镇水的“铜牛”雕像与湖西岸的一组建筑群“耕织图”成隔水相对的态势，其构思源出西汉武帝在长安上林苑开凿昆明湖以象江海、雕刻牵牛织女像隔湖相望以象天汉的寓意，却经过了艺术的再加工，生动地反映了清代以农为本，“男耕女织”的社会图像（图8-5-3-19）。北海东岸画舫斋作为园中园的精品，主殿画舫斋作为“君”的象征，临池而立，反映着守成之君对于“水能载舟，亦能覆舟”这一古老箴言的沉思；斋后庭间存有唐槐，曾历经金、元、明三代变迁，乾隆因而作“古柯庭”于其下，将庭比作自身，希望能与老柯成为忘年之交，咨询前朝殷鉴（图8-5-3-20-a～图8-5-3-20-b）。象征寓意的手法还扩大到整个园林或主要景区的规划布局，如圆明园后湖景区九岛环列象征“禹贡九州”，圆明园整体则象征古代所理解的世界方位，从而间接地表达了“普天之下，莫非王土”的寓意（图8-5-3-21）；而避暑山庄连同其外围有若众星拱月的外八庙建筑布局，则作为多民族帝国以清王朝为中心的多民族大帝国的缩影，成为名符其实的“万世之缔构”的壮举。

图 8-5-3-20-a 水能载舟，亦能覆舟：北海画舫斋主殿

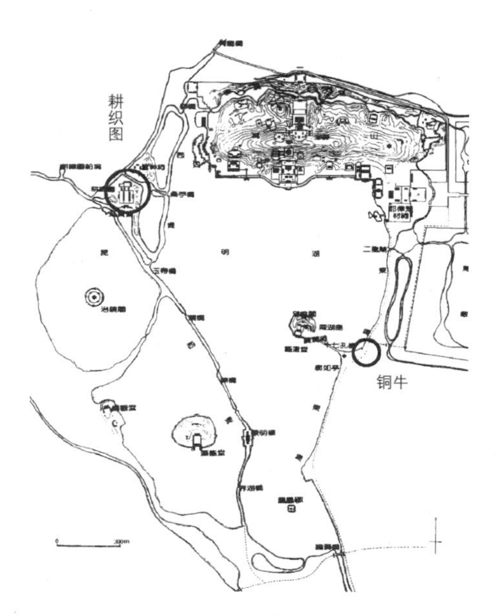

图 8-5-3-19 男耕女织：铜牛与“耕织图”

图 8-5-3-20-b 睹乔木而知旧都：北海画舫斋古柯庭

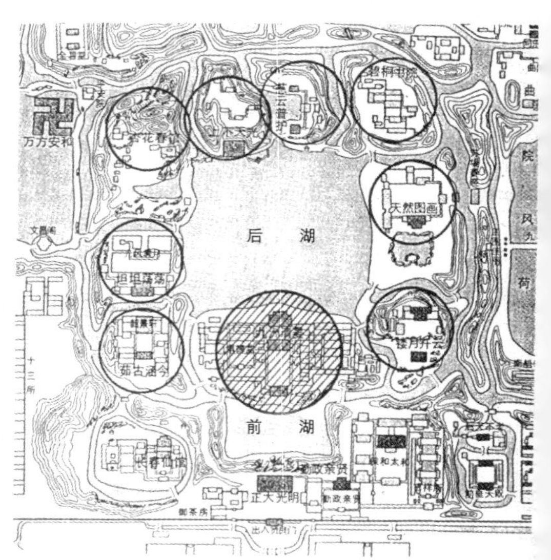

图 8-5-3-21 圆明园后湖景区九岛环列象征“禹贡九州”

8.5.4　寺观园林

明清寺观建置极多，寺观园林也达到极盛。除清代为特别扶持藏传佛教而在北京、承德敕建的佛寺具有明显的宗教象征性之外，大多数寺观园林继承宋以来的世俗化、文人化的传统，与私家园林并没有太大区别。城市及近郊的寺观，无论是否建置独立的园林，都十分重视本身的园林绿化。一般来说，在主要殿堂的庭院，多栽植松、柏、银杏、桫椤、榕树、七叶树等姿态挺拔、虬枝古干、叶茂荫浓的树种，以烘托宗教的肃穆气氛；而在次要殿堂、生活用房和接待用房的庭院内，则多栽植花卉以及富于画意的观赏树木，有的还点缀山石水局，体现“禅房花木深”的意境（图8-5-4-1）。所以，城市及其近郊的寺观，往往成为文人吟咏聚会的场所、群众游览的地方。不少寺观均以古树名木、花卉栽培名重一时，个别的甚至无异于一座大花园。此外，唐宋以后趋于完善的丛林制度，使得僧侣植树造林成为必不可少的公益劳动，这一传统的承传对风景地带自然生态的保护起到了积极作用（8-5-4-2）。

图 8-5-4-1　普陀山法雨寺古木

城市近郊和山野风景地带的寺观，除经营附属园林和庭院绿化之外，更注意结合所在地段的地形、地貌，以借景艺术的形式创造寺观周围的园林化环境。如四川青城山（图8-5-4-3），设计者着眼全山，将山中所有寺观有机串联，布点均匀，主次相间，高潮迭起，充分与周围自然景观相结合，既是观景佳处，本身也能成景，引人入胜。此类寺观的入口导引艺术也别具特色，它不同于城市佛寺道观的开门见山，而是多结合形胜、古迹、水源而设，须通过一段或长或短的香路逐渐进入寺院本体，作为寺观的序曲先导，也是情绪过渡，经营得宜，可扩大寺观建筑的艺术感染力。

图 8-5-4-2-a　香山欢喜园

寺观园林的创作较私家园林更具群众性和开放性。其特点主要表现在两个方面：一、作为独立的小园林，功能比较单纯，园内的建筑物比起一般私家园林要少一些，山水花木的分量更重，因而也就较多地保持着宋、明文人园林疏朗、天然的特色。二、城镇的寺观，小园林与庭院绿化相结合，互相融糅，浑然一体，不仅赋予寺观以风景建筑的世俗美和浓郁的生活气氛，还能让人于领略佛国仙界的宗教意趣之余，更多地感受到大自然与人文的交织，仿佛置身于一处理想的、超凡脱俗的人居环境。这也是汉地的寺观不同于世界上其他宗教建筑环境的主要标志。

图 8-5-4-3　青城山五洞天山门

图 8-5-4-2-b　香山寺听法松

8.5.5 公共园林

公共园林沿袭宋元以来的路数，在新的社会背景下又有长足发展。城镇公共园林除提供文人、居民交往、游憩场所的传统功能之外，也与消闲、娱乐相结合，作为俗文化的载体而兴盛起来。农村聚落的公共园林也更多地见于经济、文化比较发达的地区。公共园林的形成，大体上可归纳为三种情况。

第一种情况，依托于城市水系的一部分，少数利用旧园林的基址或寺观外围园林化环境，稍加整治，供市民休闲、游憩之用。有的还结合商业、文娱而发展成为多功能的开放性的绿化空间，成为市民生活和城市结构的重要组成部分。例如明清北京城内的什刹海、济南的大明湖、南京的玄武湖、扬州的瘦西湖（图8-5-5-1-a、图8-5-5-1-b）等。

图 8-5-5-1-a 瘦西湖五亭桥

图 8-5-5-1-b 瘦西湖二十四桥

图 8-5-5-2 杜甫草堂

图 8-5-5-3 翕县唐模村口的檀干园路亭

图8-5-5-4 歙县唐模村口的檀干园小西湖

第二种情况，利用寺观、祠堂、纪念性建筑的旧址，或者与历史人物有关的名迹，在此基础上，就一定范围内稍加园林化处理而开辟成为公共园林。例如杜甫草堂（图 8-5-5-2）。

第三种情况，即农村聚落的公共园林。在经济繁荣、文化发达的江南地区，农村公共园林的建置尤为普遍。其中结合“水口”即村落入口建置的水口园，基址依山傍水，有“水口林”的绿化，且通常和文昌阁、魁星楼等建筑物相结合，由清溪、石路贯穿，与村落形成整体，融糅于周围的自然环境，显示出天人谐和的意境。例如歙县唐模村口的檀干园（图 8-5-5-3、图 8-5-5-4）。

复习参考题：

1.试述北海在北京城市整体经营当中起到的综合作用和意义。

2.以皖南村镇为例，简述传统村镇景观构成特征。

3.总结清代建筑装饰装修艺术的重大发展。

4.清代建筑群体环境艺术取得了哪些重要成就？

5.为什么说清陵寝环境艺术是山川自然美与建筑人文美浑融一体的典范？

6.“过白”指的是什么？在清代陵寝环境设计当中通过哪些手段实现？

7.比较清代北方私园、江南园林及岭南园林的主要特征。

8.说明清代皇家园林的经营对于北京“山水城市”的形成具有哪些重要意义。

9.清代皇家园林“移植写仿”江南名园胜景主要采用哪些方式？它对中国古代园林艺术的发展具有怎样的意义？

10.为什么清代皇家园林中普遍运用象征寓意的设计手法？具体说明是怎样应用的。

图例说明

上篇　外国环境艺术简史

下篇　中国古代环境艺术简史

图 1-4　河南濮阳西水坡 45 号墓仰韶文化蚌塑星像图（冯时 2001）

图 1-5　辽宁牛河梁红山文化女神庙祭坛遗址（《中国建筑史》编写组 1993）

图 1-6-a　辽宁牛河梁红山文化的方丘（冯时 2001）

图 1-6-b　辽宁牛河梁红山文化的圜丘（冯时 2001）

图 1-7-a　阴山岩画，刻画了野生动物、狩猎、舞蹈、部落战争及天文图像等（吴诗池 1996）

图 1-7-b　云南沧源岩画（一）（吴诗池 1996）

图 1-7-c　云南沧源岩画（二）（冯时 2001）

图 1-8　大地湾遗址地画（吴诗池 1996）

图 2-1　《尚书图解》中的“适山兴王”

图 2-2　安阳小屯村商朝宫室遗迹（刘敦桢 1984）

图 2-3-a　《尚书图解》中的“太保相宅”，体现了西周洛邑王城的选址过程

图 2-3-b　记载了洛邑城选址的金文，是已发现最早的关于相地选址的文字资料（王其亨 2005）

图 2-3-c　《三礼图》中的周王城图（刘敦桢 1984）

图 2-4　战国鎏金铜器上的建筑形象（傅熹年 1998）

图 2-5　东周瓦当（刘敦桢 1984）

图 2-6　战国青铜器上所刻高台建筑（傅熹年 1998）

图 2-7　凤雏村的西周宫殿遗址（傅熹年 1998）

图 2-8　清代张惠言《仪礼图》中的春秋时期士大夫住宅图（刘敦桢 1984）

图 2-9-a　战国铜壶宴享渔猎攻占纹展开图（傅熹年 1998）

图 2-9-b　战国鎏金铜器人物屋宇鸟兽纹（傅熹年 1998）

图 2-9-c　战国铜鉴图案（周维权 1999）

图 2-10　《事林广记》中收录的天子辟雍图、天子五学图、诸侯泮宫图

图 3-1　秦咸阳宫苑分布（周维权 1999）

图 3-2　汉长安城市总体布局示意图（潘谷西 2001）

图 3-3　汉墓明器及画像石中的建筑形象（刘敦桢 1984）

图 3-4　汉墓出土望楼明器（刘敦桢 1984）

图 3-5-a　汉画像砖中的阙（刘敦桢 1984）

图 3-5-b　四川雅安县高颐墓石阙

图 3-6-a　几何纹样（刘敦桢 1984）

图 3-6-b　人事、动物纹样（刘敦桢 1984）

图 3-6-c　植物纹样（刘敦桢 1984）

图 3-7　西汉壁画（楚启恩 2000）

图 3-8　汉长安南郊礼制建筑复原图（刘敦桢 1984）
图 3-9　符合人体尺度的古代建筑空间（王其亨绘，萧默 1999）
图 3-10-a　《钦定书经图说》中的宅邑继居图
图 3-10-b　样式雷画样，同治十二年慈安、慈禧的定东陵设计方案图之一，体现出利用经纬格网进行设计的布局处理
图 3-11　战国中山王兆域图（杨鸿勋 1987）
图 3-12-a　上林苑离宫别馆与“休息结点”布局（何捷 1995）
图 3-12-b　车马过桥（东汉）成都跳蹬河汉墓（顾森 2000）
图 3-13-a　汉代画像砖 弋射纹 四川成都扬子山出土（顾森 2000）
图 3-13-b　汉代画像石 百戏舞乐图 山东沂南出土（顾森 2000）
图 3-14　建章宫平面设想图（周维权 1999）
图 3-15-a　河北安平汉墓壁画（宿白 1989）
图 3-15-b　山东曲阜旧县村出土的东汉画像石（周维权 1999）
图 3-16　成都出土的东汉庭院画像砖（周维权 1999）
图 3-17　河南郑州出土的东汉画像砖（周维权 1999）
图 3-18　山东曲阜汉县村画像石 （周维权 1999）
图 3-19　用悬臂梁承托悬挑，突出水面的水榭。可用于观赏水中游鱼嬉戏之景，具有明确而纯粹的景观功能（周维权 1999）
图 4-1　曹魏邺城城市总体布局示意图（潘谷西 2001）
图 4-2-a　北魏洛阳佛寺分布示意图（傅熹年 2001）
图 4-2-b　佛寺林立的北魏洛阳（李允鉌1985）
图 4-3　南北朝建筑屋顶形式（刘敦桢 1984）
图 4-4-a　北魏佛塔形象 云冈第 5 窟（宿白 1988）
图 4-4-b　云冈第 11 窟（宿白 1988）
图 4-4-c　河南登封嵩岳寺塔（刘敦桢 1984）
图 4-5-a　麦积山石窟（傅熹年 1998）
图 4-5-b　大同云冈石窟（宿白 1988）
图 4-6　建筑装饰图案（敦煌文物研究所 1982）
图 4-7　南京梁萧景墓天禄（丁垚拍摄）
图 4-8-a　南京梁萧景墓墓表（丁垚拍摄）
图 4-8-b　墓表立面图（刘敦桢 1984）
图 4-9　河北定兴北齐石柱（刘敦桢 1984）
图 4-10　魏晋南北朝家具（刘敦桢 1984）
图 4-11　法胜寺平面（张十庆 2004）

主要参考文献

上篇　外国环境艺术简史

1 Architecture: An Illustrated History/Edited and with an introduction by Michael Raeburn. London:Orbis, 1980

2 Architecture and Community Building in the Islamic World Today: The aga khan award for architecture. New York: Aperture, 1983

3 Eugen Strouhal. Life of the Ancient Egyptians. With photographs by Werner Forman. Cairo, Egypt: The American University in Cairo Press. 1992

4 Giovanni Casetta. Florence. Becocci Editore-Firenze

5 Landscapes in History: Design and Planning in the Eastern and Western Traditions/Philip Pregill & Nancy Volkman. John Wiley & Sons Inc, 1999

6 Photographs of the Athenian Acropolis: The Restoration Project. Acropolis Restoration Service-S. Mavrommatis. 2003

7 Ponte A. Artificial landscape: the case of Humphry Repton. Lotus International, (52):53-71. 1987

8 The Landscape of Man: Shaping the Environment from Prehistory to the Present Day/Geoffrey and Susan Jellicoe. New York, N.Y.: Thames and Hudson, 1995

9 Vicenza:historical-artistical itineraries. Gino rossato editore. Vicenza 1989

10 Yoon Jong-soon, Beautiful Seoul 五大古宫. Uijeongbu, Gyeonggi-do, Korea:Sung Min Publishing House. 2000

11 Apa Publications GmbH & Co. Verlag KG Singapore Branch. France. 冯海颖，张志娟，宋春胜译. 北京：中国水利水电出版社，2001

12 [美]约翰 · O · 西蒙兹著. 俞孔坚，王志芳，孙鹏译. 景观设计学 场地规划与设计手册. 北京：中国建筑工业出版社，2000

13 [美]埃德蒙 · N · 培根等著. 黄富厢，朱琪编译. 城市设计. 北京：中国建筑工业出版社，1999

14 [美]凯文 · 林奇，加里 · 海克著. 黄富厢，朱琪等译. 总体设计. 北京：中国建筑工业出版社，1999

15 [日]针之谷钟吉著，邹洪灿译，西方造园变迁史：从伊甸园到天然公园. 北京：中国建筑工业出版社，1991

16 [法]罗兰 · 马丁著. 张似赞，张军英译.世界建筑史丛书希腊建筑. 北京：中国建筑工业出版社，1999

17 [美]约翰·D·霍格著. 杨昌鸣，陈欣欣译. 世界建筑史丛书伊斯兰建筑. 北京：中国建筑工业出版社，1999

18 [意]马里奥·布萨利著. 单军，赵焱译. 世界建筑史丛书东方建筑. 北京：中国建筑工业出版社，1999

19 [意]曼弗雷多·塔夫里/弗朗切斯科·达尔科著，刘先觉等译. 现代建筑. 北京：中国建筑工业出版社，2000

20 [英]S. 劳埃德/[德]H.W.米勒著，高云鹏译. 世界建筑史丛书远古建筑. 北京：中国建筑工业出版社，1999

21 [英]约翰·B·沃德-珀金斯著，吴葱，张威，庄岳译. 世界建筑史丛书罗马建筑. 北京：中国建筑工业出版社，1999

22 章俊华. 内心的庭园：日本传统园林艺术. 昆明：云南大学出版社，1999

23 陈志华. 外国建筑史. 北京：中国建筑工业出版社，1979

24 陈志华. 外国近现代建筑史. 北京：中国建筑工业出版社，1982

25 陈志华. 外国造园艺术. 郑州：河南科学技术出版社，2001

26 郦芷若，朱建宁. 西方园林. 河南科学技术出版社，2001

27 日本建筑学会编. 日本建筑史图集. 东京：彰国社，1980.3.20 新订第 1 版

28 沈玉麟. 外国城市建设史. 北京：中国建筑工业出版社，1989

29 宋昆主编. 现代建筑思潮研究丛书. 天津：天津大学出版社，2004

30 唐纳德·雷诺兹等著，钱乘旦等译. 剑桥艺术史. 北京：中国青年出版社，1994

31 王建国. 城市设计. 南京：东南大学出版社，1999

32 王蔚. 不同自然观下的建筑场所艺术：中西传统建筑文化比较. 天津：天津大学出版社，2003

33 王向荣，林箐. 西方现代景观设计的理论与实践. 北京：中国建筑工业出版社，2002

34 王晓俊. 西方现代园林设计. 南京：东南大学出版社，2000

35 吴家骅. 环境设计史纲. 重庆：重庆大学出版社，2002

36 张祖刚. 世界园林发展概论. 北京：中国建筑工业出版社，2003

下篇　中国古代环境艺术简史

1 [清]李斗撰. 扬州画舫录. 北京：中华书局，1960

2 [清]沈源，唐岱等绘. 乾隆吟诗. 汪由敦代书. 圆明园四十景图咏. 北京：世界图书出版公司北京公司，2005

3 [清]钱维城等绘. 康熙，乾隆题诗. 避暑山庄七十二景. 北京：地质出版社，1993

4 [清]沈喻绘. 康熙，乾隆题诗. 避暑山庄图咏. 石家庄：河北美术出版社，1984

5 北海景山公园管理处编. 北海景山公园志. 北京：中国林业出版社，2000
6 常任侠主编. 中国美术全集 · 绘画编 · 画像石画像砖. 北京：文物出版社，1988
7 陈同滨，吴东，越乡主编. 中国古代建筑大图典. 北京：今日中国出版社，1996
8 陈薇主编. 中国建筑艺术全集（全24卷）18：私家园林. 北京：中国建筑工业出版社，1999
9 陈耀东主编. 中国建筑艺术全集（全24卷）14：佛教建筑（三）（藏传）（H）. 北京：中国建筑工业出版社，1999
10 楚启恩. 中国壁画史. 北京：北京工艺美术出版社，2000
11 杜顺宝主编. 中国建筑艺术全集（全24卷）. 19：风景建筑（H）. 北京：中国建筑工业出版社，2001
12 敦煌文物研究所. 敦煌莫高窟. 北京：文物出版社，1982
13 冯时. 天文考古学. 北京：社会科学文献出版社，2001
14 傅熹年. 傅熹年建筑史论文集. 北京：文物出版社，1998
15 傅熹年主编. 中国古代建筑史（第二卷）. 两晋、南北朝，隋唐，五代建筑. 北京：中国建筑工业出版社，2001
16 顾森. 秦汉绘画史. 北京：人民美术出版社，2000
17 郭黛姮主编. 中国古代建筑史（第三卷）宋、辽、金、西夏建筑. 北京：中国建筑工业出版社，2003
18 郭俊纶编著. 清代园林图录. 上海：上海美术出版社，1993
19 国立故宫博物院编辑委员会编辑. 宫室楼阁之美：界画特展. 中国台北：国立故宫博物院，2000
20 贺业钜. 中国古代城市规划史. 北京：中国建筑工业出版社，1996
21 胡德生. 中国古代家具. 上海：上海文化出版社，1992
22 李允鉌. 华夏意匠. 天津：天津大学出版社，2005
23 梁雪. 传统村镇实体环境设计. 天津：天津科学技术出版社，2001
24 刘敦桢主编. 中国古代建筑史（第二版）. 北京：中国建筑工业出版社，1984
25 刘叙杰主编. 中国古代建筑史（第一卷）. 原始社会、夏、商、周、秦、汉建筑. 北京：中国建筑工业出版社，2003
26 楼庆西主编. 中国建筑艺术全集（全24卷）24：建筑装修与装饰. 北京：中国建筑工业出版社，1999
27 路秉杰主编. 中国建筑艺术全集（全24卷）16：伊斯兰教建筑. 北京：中国建筑工业出版社，2003
28 陆元鼎主编. 中国建筑艺术全集（全24卷）21：宅第建筑（二）南方汉族. 北京：中国建筑工业出版社，1999
29 罗哲文，王振复主编. 中国建筑文化大观. 北京：北京大学出版社，2001

30 潘谷西编著. 江南理景艺术. 南京：东南大学出版社，1999
31 潘谷西主编. 中国古代建筑史（第四卷），元明建筑. 北京：中国建筑工业出版社，2001
32 彭一刚著. 传统村镇聚落景观分析. 北京：中国建筑工业出版社，1992
33 彭一刚著. 中国古典园林分析. 北京：中国建筑工业出版社，1986
34 清代皇家园林综合研究（国家自然科学基金资助项目）天津大学博士、硕士学位论文（1993~2004）
35 清华大学建筑学院. 颐和园. 北京：中国建筑工业出版社，2000
36 茹竞华主编. 中国建筑艺术全集（全24卷）2：宫殿建筑（二）. 北京：中国建筑工业出版社，2002
37 苏州园林设计院. 苏州园林. 北京：中国建筑工业出版社，1999
38 宿白主编. 中国美术全集·绘画编·墓室壁画. 北京：文物出版社，1989
39 宿白主编. 中国美术全集·雕塑编·云冈石窟雕刻. 北京：文物出版社，1988
40 孙大章主编. 中国古代建筑史（第五卷）清代建筑. 北京：中国建筑工业出版社，2002
41 孙大章主编. 中国建筑艺术全集（全24卷）.9：坛庙建筑. 北京：中国建筑工业出版社，2000
42 王鲁民著. 中国古代建筑思想史纲. 武汉：湖北教育出版社，2003
43 王其亨主编. 风水理论研究. 天津：天津大学出版社，1992
44 王其亨主编. 中国建筑艺术全集（全24卷）. 8：清代陵墓. 北京：中国建筑工业出版社，2003
45 王树村主编. 中国美术全集·绘画编·石刻线画. 北京：文物出版社，1988
46 王毅. 园林与中国文化. 上海：上海人民出版社，1990
47 吴诗池. 中国原始艺术. 北京：紫禁城出版社，1996
48 西藏布达拉宫管理处编 雪域圣殿——布达拉宫. 北京：中国旅游出版社，1996
49 萧默主编. 中国古代建筑艺术史. 北京：文物出版社，1999
50 杨飞，姚小华主编. 中国山水名画全集. 北京：光明日报出版社，2003
51 张安治主编. 中国美术全集·绘画编·原始社会至南北朝绘画. 北京：文物出版社，1986
52 张十庆.（作庭记）译注研究. 天津：天津大学出版社，2004
53 赵立瀛，刘临安编. 中国建筑艺术全集（全24卷）6：元代前陵墓建筑（H）. 北京：中国建筑工业出版社，1999
54 赵玲，牛伯忱著. 避暑山庄及其周围寺庙. 西安：三秦出版社，2003
55 中国古代园林断代史系列研究. 天津大学博士、硕士学位论文（2000~2003）
56 周维权，楼庆西主编. 中国建筑艺术全集（全24卷）.17：皇家园林. 北京：中国建筑工业出版社，1999
57 周维权. 中国古典园林史（第二版）. 北京：清华大学出版社，1999
58 朱育帆. 艮岳景象研究. 北京林业大学博士论文，1997
59 中国建筑科学研究院编. 中国古建筑. 北京：中国建筑工业出版社，1983